移动端

电商动态设计进阶应用

(After Effects篇)

· 董明秀 ◎主编 ·

清华大学出版社
北 京

内容简介

本书主要讲解使用 After Effects 软件进行移动端电商动态设计，全书分八大主题，内容主要包括商品细节动效元素制作、热卖宝贝光线动效制作、网店绚丽色彩动效制作、钜惠商品自然动效制作、促销季进度动效制作、艺术化修饰字体动画制作、商品趣味主题动画制作、大牌商品表现力动效制作。本书内容丰富全面，几乎涵盖了所有与电商动效有关的内容，所有实例都是由浅入深进行讲解，使读者在学习的过程中得到逐步提升。

本书适用于想在网上开店创业的初学者，包括在校大学生、兼职人员、自由职业者、小企业管理者、企业白领等；也适用于欲从事界面动效设计、动效制作、影视制作、后期编辑与合成的读者；还可作为大中专院校、社会培训机构相关专业的教学参考书或上机实践指导用书。

本书资源包中给出了书中案例的教学视频、源文件和素材，对于高校教师，我们还提供了 PPT 课件，读者可扫描书中的二维码及封底的"文泉云盘"二维码，在线观看、学习，并下载素材文件，使学习效果加倍。

图书在版编目（CIP）数据

移动端电商动态设计进阶应用：After Effects篇 / 董明秀主编. — 北京：清华大学出版社，2023.11
ISBN 978-7-302-64887-1

Ⅰ. ①移… Ⅱ. ①董… Ⅲ. ①图像处理软件 Ⅳ. ①TP391.413

中国国家版本馆CIP数据核字（2023）第215484号

责任编辑：贾旭龙
封面设计：秦　丽
版式设计：文森时代
责任校对：马军令
责任印制：曹婉颖

出版发行：清华大学出版社
　　网　　址：https://www.tup.com.cn，https://www.wqxuetang.com
　　地　　址：北京清华大学学研大厦A座　　　　　　邮　　编：100084
　　社 总 机：010-83470000　　　　　　　　　　邮　　购：010-62786544
　　投稿与读者服务：010-62776969，c-service@tup.tsinghua.edu.cn
　　质 量 反 馈：010-62772015，zhiliang@tup.tsinghua.edu.cn
印 装 者：三河市君旺印务有限公司
经　　销：全国新华书店
开　　本：203mm×260mm　　　印　　张：16.25　　　字　　数：422千字
版　　次：2023年12月第1版　　　　　　　　　　印　　次：2023年12月第1次印刷
定　　价：89.80元

产品编号：096763-01

前言
PREFACE

1. 关于动态广告图

在电商广告世界里，除常见的静态广告图之外，还存在着另外一种形式，那就是动态广告图。相比于静态广告图，动态广告图的视觉效果更加出色，同时也更加引人注目，使得整个商品的特征更加形象、突出，进而吸引更多潜在的用户，因此电商发布动态广告图已呈现流行的趋势。随着人们对购物体验的要求越来越高，电商广告图的制作也需要更上一个层次。本书使用功能强大的非线性特效制作软件——After Effects 进行实例讲解，向读者传授如何制作不同风格的动态电商广告图。

2. 关于本书

本书精心挑选的实例全部源自编者多年来在商业实战中制作的精华部分，更加可贵的是这些实例全都经受过电商行业的考验，并且是模拟真实的电商环境的，因此读者只要用心学习，并且学以致用，那么一定会轻松地将实战学习转变为电商行业中商家引流的有效广告手段，相信读者会深感如获至宝。

本书对作者多年的实践经验进行了总结，主要包括八大专题，如商品细节动效元素制作、热卖宝贝光线动效制作、网店绚丽色彩动效制作、钜惠商品自然动效制作、促销季进度动效制作、艺术化修饰字体动画制作、商品趣味主题动画制作及大牌商品表现力动效制作。全书干货满满，同时书中穿插着大量实例制作的提示与技巧，让读者真正做到趣味学习、高效学习。

3. 关于作者及售后

本书由董明秀主编，参与编写的还有王世迪、王红卫、吕保成、王红启、王翠花、夏红军、王巧伶、王香、石珍珍等，在此感谢所有创作人员为本书付出的艰辛。在创作过程中，由于时间仓促，书中难免有疏漏和不妥之处，希望广大读者批评指正。如果在学习过程中发现问题，或有更好的建议，可扫描封底"文泉云盘"二维码获取作者联系方式，与作者交流、沟通。

编 者

目录
CATALOG

第1章
商品细节动效元素制作

内容摘要

本章主要讲解商品细节动效元素制作。商品细节动效元素是整个电商广告制作中非常重要的部分，通过设计有趣、生动的元素动画，可以使顾客更好地了解商品本身的特征，同时也增强了商品的卖点及吸引力。本章在编写过程中列举了降价标签动效制作、广告条幅动效制作、心形装饰动效制作、流星雨背景特效制作、声波动效制作、放大镜动画制作、科技边框动效制作、圆形标签动效制作、简约标签动效制作、服装动态标签制作、小票优惠券动效制作及星形放大动效制作等实例，通过对这些实例的学习，读者可以掌握基本的商品细节动效元素制作方法。

教学目标

◉ 学会降价标签动效制作 ◉ 掌握心形装饰动效制作 ◉ 了解科技边框动效制作

◉ 学会简约标签动效制作 ◉ 学习小票优惠券动效制作

1.1 降价标签动效制作

 实例解析

本例主要讲解降价标签动效制作，在制作过程中主要用到位置动画，同时结合图形弯曲以表现出降价标签视觉效果，最终效果如图 1.1 所示。

图 1.1

 知识点

位置

不透明度

视频讲解

 操作步骤

1️⃣ 打开工程文件"工程文件 \ 第 1 章 \ 直降广告 .aep"。

2️⃣ 在时间轴面板中，选中【箭头】图层，在图像中将箭头向顶部方向拖动至图像之外区域，效果如图 1.2 所示。

3️⃣ 在时间轴面板中，选中【箭头】图层，将时间调整到 0:00:00:00 帧的位置，打开【位置】属性，单击【位置】左侧码表🕐，在当前位置添加关键帧，如图 1.3 所示。

图 1.2

图 1.3

4 将时间调整到 0:00:01:00 帧的位置,在图像中将箭头图像向下拖动,系统将自动添加关键帧,如图 1.4 所示。

图 1.4

5 将时间调整到 0:00:01:10 帧的位置,在图像中将箭头图像向上稍微拖动,系统将自动添加关键帧,如图 1.5 所示。

图 1.5

6 将时间调整到 0:00:01:20 帧的位置,在图像中将箭头图像向下稍微拖动,系统将自动添加关键帧,如图 1.6 所示。

7 将时间调整到 0:00:02:05 帧的位置,在图像中将箭头图像再次向上稍微拖动,系统将自动添加关键帧,如图 1.7 所示。

图 1.6

图 1.7

8 选中工具箱中的【横排文字工具】**T**,在图像中输入 Microsoft YaHei UI 字体的文字,如图 1.8 所示。

图 1.8

9 在时间轴面板中,选中【900】文字图层,将时间调整到 0:00:02:05 帧的位置,打开【不透明度】属性,单击其左侧码表⏱,在当前位置添加关键帧,并将其数值更改为 0%。然后将时间调整到 0:00:02:10 帧的位置，将其数值更改为 100%，系统将自动添加关键帧，制作出不透明度动画效果，如图 1.9 所示。

图 1.9

⑩ 这样就完成了最终整体效果制作，按小键盘上的 0 键即可在合成窗口中预览动画。

1.2　广告条幅动效制作

实例解析

本例主要讲解广告条幅动效制作，在制作过程中，主要用到了蒙版路径，为蒙版路径制作动画即可完成整个条幅动效制作，最终效果如图 1.10 所示。

图 1.10

知识点

蒙版
不透明度

视频讲解

操作步骤

① 打开工程文件"工程文件 \ 第 1 章 \ 广告图 .aep"。

② 在时间轴面板中，将【数码狂欢季】及【送礼选购大卖场】图层暂时隐藏，如图 1.11 所示。

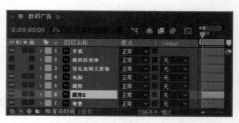

图 1.11

3　选中工具箱中的【矩形工具】■，选中【图形2】图层，在图形右侧位置绘制1个矩形蒙版，将图形2隐藏，效果如图1.12所示。

图1.12

4　在时间轴面板中，将时间调整到0:00:00:05帧的位置，选中【图形2】图层，将其展开，单击【蒙版】|【蒙版1】|【蒙版路径】左侧码表⏱，在当前位置添加关键帧，如图1.13所示。

图1.13

5　将时间调整到0:00:01:00帧的位置，同时选中蒙版路径左上角及左下角锚点并向左侧拖动，将图形2完全显示出来，系统将自动添加关键帧，如图1.14所示。

图1.14

6　选中工具箱中的【矩形工具】■，选中【图形】图层，在图形左侧位置绘制1个矩形蒙版，将图形隐藏，效果如图1.15所示。

图1.15

7　在时间轴面板中，将时间调整到0:00:01:00帧的位置，选中【图形】图层，将其展开，单击【蒙版】|【蒙版1】|【蒙版路径】左侧码表⏱，在当前位置添加关键帧，如图1.16所示。

图1.16

8　将时间调整到0:00:01:20帧的位置，同时选中蒙版路径右上角及右下角锚点并向右侧拖动，将图形完全显示出来，系统将自动添加关键帧，如图1.17所示。

图1.17

9 选中工具箱中的【矩形工具】▧，选中【数码狂欢季】文字图层，在文字左侧位置绘制1个矩形蒙版，将文字隐藏，效果如图1.18所示。

图 1.18

10 在时间轴面板中，将时间调整到0:00:01:20帧的位置，选中【数码狂欢季】图层，将其展开，单击【蒙版】|【蒙版1】|【蒙版路径】左侧码表▧，在当前位置添加关键帧，如图1.19所示。

图 1.19

11 将时间调整到0:00:02:15帧的位置，同时选中蒙版路径右上角及右下角锚点并向右侧拖动，将文字完全显示出来，系统将自动添加关键帧，如图1.20所示。

图 1.20

12 在时间轴面板中，选中【送礼选购大卖场】文字图层，将时间调整到0:00:01:20帧的位置，打开【不透明度】属性，单击其左侧码表▧，在当前位置添加关键帧，并将其数值更改为0%。然后将时间调整到0:00:02:15帧的位置，将【不透明度】的值更改为100%，系统将自动添加关键帧，制作不透明度动画，如图1.21所示。

图 1.21

13 这样就完成了最终整体效果制作，按小键盘上的0键即可在合成窗口中预览动画。

1.3 心形装饰动效制作

 实例解析

本例主要讲解心形装饰动效制作，在制作过程中首先新建1个纯色层，再在纯色层上绘制心形、添加涂写效果控件并进行参数设置即可完成整个动效制作，最终效果如图1.22所示。

图 1.22

知识点

涂写
蒙版

操作步骤

1 打开工程文件"工程文件 \ 第 1 章 \ 七夕广告 .aep"。

2 执行菜单栏中的【图层】|【新建】|【纯色】命令，在弹出的对话框中将【名称】更改为"心"，将【颜色】更改为白色，完成之后单击【确定】按钮，如图 1.23 所示。

图 1.23

3 确认选中【心】图层，选中工具箱中的【钢笔工具】，在图像中绘制 1 个心形蒙版路径，效果如图 1.24 所示。

4 在时间轴面板中，选中【心】图层，在【效果和预设】面板中展开【生成】特效组，然后双击【涂写】特效。

5 在【效果控件】面板中，将【颜色】更改为红色（R:225，G:41，B:41），将【角度】的值更改为（0x+130.0°），将【描边宽度】的值更改为 1.5，将【结束】的值更改为 0.0%，如图 1.25 所示，将时间调整到 0：00：00：00 帧的位置，单击【结束】左侧码表。

图 1.24

图 1.25

6 在时间轴面板中，将时间调整到 0:00:01:00 帧的位置，将【结束】的值更改为 100.0%，系统将自动添加关键帧，如图 1.26 所示。

图 1.26

7 在【效果控件】面板中，将【不透明度】的值更改为 60.0%，单击【不透明度】左侧码表，在当前位置添加关键帧，如图 1.27 所示。

图 1.27

8 在时间轴面板中，将时间调整到 0:00:04:00 帧的位置，将【不透明度】的值更改为 100.0%，系统将自动添加关键帧，如图 1.28 所示。

图 1.28

9 这样就完成了最终整体效果制作，按小键盘上的 0 键即可在合成窗口中预览动画。

1.4 流星雨背景特效制作

 实例解析

本例主要讲解流星雨背景特效制作，主要用到粒子运动场效果控件，在制作过程中需要注意参数的设置，最终效果如图 1.29 所示。

图 1.29

知识点

粒子运动场
残影
发光

操作步骤

1 打开工程文件"工程文件\第1章\节日广告 .aep"。

2 执行菜单栏中的【图层】|【新建】|【纯色】命令,在弹出的对话框中将【名称】更改为"载体",将【颜色】更改为黑色,完成之后单击【确定】按钮,如图1.30所示。

图 1.30

3 在时间轴面板中,选中【载体】图层,在【效果和预设】面板中展开【模拟】特效组,然后双击【粒子运动场】特效。

4 在【效果控件】面板中,展开【发射】选项组,将【位置】的值更改为(400.0,10.0),将【圆筒半径】的值更改为300.00,将【方向】的值更改为(0x+180.0°),将【粒子半径】的值更改为10.00,如图1.31所示。

> 提示 在时间轴面板中,调整动画时间即可预览图像中的粒子运动场效果。

5 在【效果控件】面板中,单击右上角的【选项】,在弹出的对话框中单击【编辑发射文字】,在弹出的对话框中输入任意字母及数字,完成之后单击【确定】按钮,结果如图1.32所示。

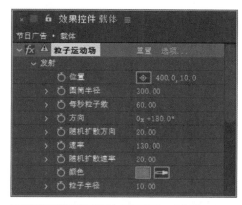

图 1.31

图 1.32

6 在时间轴面板中,选中【载体】图层,在【效果和预设】面板中展开【风格化】特效组,然后双击【发光】特效。

7 在【效果控件】面板中，将【发光半径】的值更改为 200.0，将【发光强度】的值更改为 2.0，如图 1.33 所示。

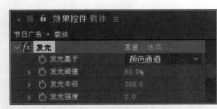

图 1.33

8 在时间轴面板中，选中【载体】图层，在【效果和预设】面板中展开【时间】特效组，然后双击【残影】特效。

9 在【效果控件】面板中，将【残影时间】的值更改为 −0.050，将【残影数量】的值更改为 10，将【起始强度】的值更改为 1.00，将【衰减】的值更改为 0.50，如图 1.34 所示。

图 1.34

10 这样就完成了最终整体效果制作，按小键盘上的 0 键即可在合成窗口中预览动画。

1.5 声波动效制作

 实例解析

本例主要讲解声波动效制作，在制作过程中主要用到无线电波效果控件，只需要简单的参数设置即可完成整个动效制作，最终效果如图 1.35 所示。

图 1.35

知识点

无线电波

视频讲解

操作步骤

1. 打开工程文件"工程文件\第1章\零食广告.aep"。

2. 执行菜单栏中的【图层】|【新建】|【纯色】命令，在弹出的对话框中将【名称】更改为"电波"，将【颜色】更改为白色，完成之后单击【确定】按钮，结果如图1.36所示。

图1.36

3. 在时间轴面板中，选中【电波】图层，在【效果和预设】面板中展开【生成】特效组，然后双击【无线电波】特效。

4. 在【效果控件】面板中，将【产生点】的值更改为（220.0，255.0），将【渲染品质】的值更改为10，展开【多边形】选项组，将【边】的值更改为128，如图1.37所示。

图1.37

5. 展开【波动】选项组，将【频率】的值更改为10.00，将【扩展】的值更改为5.00。展开【描边】选项组，将【配置文件】更改为【曲线】，将【颜色】更改为浅蓝色（R:137，G:215，B:255），将【开始宽度】的值更改为3.00，将【末端宽度】的值更改为1.00，如图1.38所示。

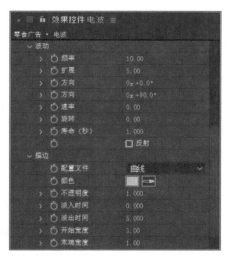

图1.38

6. 在时间轴面板中，选中【电波】图层，将其图层【模式】更改为【屏幕】，如图1.39所示。

图 1.39

 提示 更改图层模式是为了让电波与文字和音响图像区域更好地融合在一起。

7 在时间轴面板中，选中【电波】图层，按 Ctrl+D 组合键复制出 1 个【电波 2】新图层。

8 确认选中【电波 2】新图层，在【效果控件】面板中，将【产生点】的值更改为（660.0，255.0），如图 1.40 所示。

图 1.40

9 这样就完成了最终整体效果制作，按小键盘上的 0 键即可在合成窗口中预览动画。

1.6　放大镜动画制作

实例解析

本例主要讲解放大镜动画制作，主要用到放大特效，整个制作过程比较简单，最终效果如图 1.41 所示。

图 1.41

知识点

放大

操作步骤

1 打开工程文件"工程文件 \ 第 1 章 \ 玉石广告 .aep"。

2 在时间轴面板中，选中【放大镜】图层，将时间调整到 0:00:00:10 帧的位置，打开【位置】属性，单击【位置】左侧码表 ，在当前位置添加关键帧，如图 1.42 所示。

图 1.42

3 将时间调整到 0:00:02:00 帧的位置，拖动放大镜，系统将自动添加关键帧，制作位置动画，如图 1.43 所示。

图 1.43

4 将时间调整到 0:00:03:15 帧的位置，再次拖动放大镜，系统将自动添加关键帧，制作位置

动画，如图 1.44 所示。

图 1.44

5 在时间轴面板中，选中【背景】图层，在【效果和预设】面板中展开【扭曲】特效组，然后双击【放大】特效。

6 在【效果控件】面板中，将【中心】的值更改为（244.0，285.0），在时间轴面板中，将时间调整到 0:00:00:10 帧的位置，单击【中心】左侧码表 ，在当前位置添加关键帧，将【放大率】的值更改为 150.0，将【大小】的值更改为 50.0，如图 1.45 所示。

图 1.45

图 1.45（续）

图 1.46（续）

7 在时间轴面板中，将时间调整到 0:00:02:00 帧的位置，将【中心】的值更改为（331.0，293.0），如图 1.46 所示。

8 将时间调整到 0:00:03:15 帧的位置，将【中心】的值更改为（410.0，253.0），系统将自动添加关键帧，如图 1.47 所示。

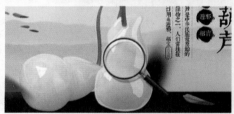

图 1.47

图 1.46

9 这样就完成了最终整体效果制作，按小键盘上的 0 键即可在合成窗口中预览动画。

1.7 科技边框动效制作

 实例解析

本例主要讲解科技边框动效制作，在制作过程中首先绘制矩形，再为绘制的矩形制作出位置动画即可完成整个动效制作，最终效果如图 1.48 所示。

图 1.48

图1.48（续）

知识点

矩形工具
位置
梯度渐变

视频讲解

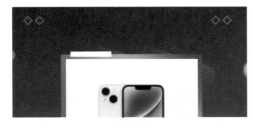**操作步骤**

1.7.1 制作单个边框动画

①① 打开工程文件"工程文件\第1章\科技
手机.aep"。

②② 选中工具箱中的【矩形工具】■，在手
机图像左上角边框位置绘制1个矩形，设置矩形的
【填充】为白色，【描边】为无，将生成1个【形
状图层1】图层，效果如图1.49所示。

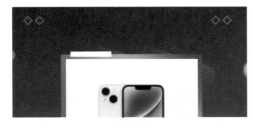

图1.49

③③ 在时间轴面板中，选中【形状图层1】
图层，按Ctrl+D组合键将图层复制3份，如图1.50
所示。

图1.50

④④ 在时间轴面板中，选中【形状图层1】
图层，将时间调整到0:00:00:00帧的位置，打开【位
置】属性，单击【位置】左侧码表○，在当前位置
添加关键帧，如图1.51所示。

图1.51

提示 为了方便观察制作的动画效果，在为当前图
层制作动画时可将其他几个图层暂时隐藏。

⑤ 将时间调整到 0:00:02:00 帧的位置，在图像中将矩形向右侧平移拖动，系统将自动添加关键帧，制作出位置动画，如图 1.52 所示。

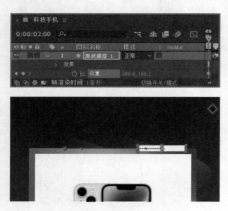

图 1.52

⑥ 在时间轴面板中，选中【形状图层 1】图层，在【效果和预设】面板中展开【生成】特效组，然后双击【梯度渐变】特效。

⑦ 在【效果控件】面板中，将【渐变起点】的值更改为（326.5，168.0），将【起始颜色】更改为紫色（R:255，G:0，B:204），将【渐变终点】的值更改为（396.5，152.5），将【结束颜色】更改为蓝色（R:169，G:222，B:255），如图 1.53 所示。

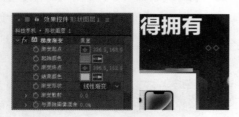

图 1.53

1.7.2 为其他边框制作动画

① 在时间轴面板中，选中【形状图层 2】图层，打开【旋转】属性，将其数值更改为（0x+90.0°），在图像中将矩形移至图像右上角位置，如图 1.54 所示。

图 1.54

② 以同样方法为【形状图层 2】图层中的图形制作位置动画并添加梯度渐变，如图 1.55 所示。

图 1.55

③ 以同样方法分别为【形状图层 3】及【形状图层 4】图层制作位置动画并添加梯度渐变，如图 1.56 所示。

图 1.56

图 1.56（续）

在为【形状图层3】及【形状图层4】图层制作完动画之后，可在【效果控件】面板中调整其梯度渐变位置。

4 这样就完成了最终整体效果制作，按小键盘上的0键即可在合成窗口中预览动画。

1.8　圆形标签动效制作

 实例解析

本例主要讲解圆形标签动效制作，在制作过程中主要用到缩放、不透明度等动画关键帧，还需注意对图形细节的处理，最终效果如图 1.57 所示。

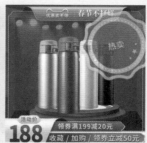

图 1.57

 知识点

缩放
不透明度

视频讲解

📽 **操作步骤**

1.8.1 打造图形动画

① 打开工程文件"工程文件 \ 第 1 章 \ 水杯广告 .aep"。

② 在时间轴面板中，同时选中除【背景】及【图形】之外的所有图层，将其暂时隐藏，如图 1.58 所示。

图 1.58

③ 在时间轴面板中，选中【图形】图层，将时间调整到 0:00:00:00 帧的位置，打开【旋转】属性，单击【旋转】左侧码表🕛，在当前位置添加关键帧。

④ 将时间调整到 0:00:02:00 帧的位置，将【旋转】的值更改为（1x+0.0°），系统将自动添加关键帧，制作旋转动画效果，如图 1.59 所示。

图 1.59

⑤ 确保继续选中【图形】图层，将时间调整到 0:00:00:00 帧的位置，打开【缩放】属性，单击【缩放】左侧码表🕛，在当前位置添加关键帧，将【缩放】的值更改为（500.0，500.0%），打开【不透明度】属性，单击【不透明度】左侧码表🕛，将【不透明度】的值更改为 0%，在当前位置添加关键帧，如图 1.60 所示。

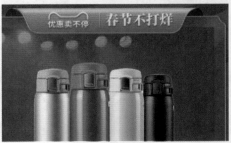

图 1.60

⑥ 将时间调整到 0:00:01:00 帧的位置，将【缩放】的值更改为（100.0，100.0%），将【不透明度】的值更改为 100%，系统将自动添加关键帧，制作缩放及不透明度动画，如图 1.61 所示。

图 1.61

1.8.2 制作文字动画

① 在时间轴面板中，选中【文字】图层，

将其显示，再将时间调整到 0:00:00:00 帧的位置，打开【缩放】属性，单击【缩放】左侧码表 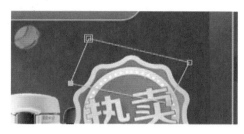，在当前位置添加关键帧，将【缩放】的值更改为（0.0，0.0%），打开【不透明度】属性，单击【不透明度】左侧码表 ，将【不透明度】的值更改为 0%，在当前位置添加关键帧，如图 1.62 所示。

图 1.62

2 将时间调整到 0:00:01:00 帧的位置，将【缩放】的值更改为（100.0，100.0%），将【不透明度】的值更改为 100%，系统将自动添加关键帧，制作缩放及不透明度动画，如图 1.63 所示。

图 1.63

3 选中工具箱中的【钢笔工具】 ，选中【图形 2】图层，在图像右上角位置绘制 1 个矩形蒙版路径，效果如图 1.64 所示。

图 1.64

4 在时间轴面板中，将时间调整到 0:00:01:00 帧的位置，选中【图形 2】图层，将其展开，单击【蒙版】|【蒙版 1】|【蒙版路径】左侧码表 ，在当前位置添加关键帧。

5 将时间调整到 0:00:02:00 帧的位置，同时选中蒙版左下角及右下角锚点并向下拖动，系统将自动添加关键帧，制作出动画效果，如图 1.65 所示。

图 1.65

6 选中工具箱中的【钢笔工具】 ，选中【图形 3】图形，在图像中绘制蒙版路径，效果如图 1.66所示。

7 以同样方法为【图形 3】图层中的图形制作类似的动画效果，如图 1.67 所示。

图 1.66

图 1.67（续）

8 这样就完成了最终整体效果制作，按小键盘上的 0 键即可在合成窗口中预览动画。

图 1.67

1.9 简约标签动效制作

 实例解析

本例主要讲解简约标签动效制作，本例比较简单，主要用到蒙版路径动画，最终效果如图 1.68 所示。

图 1.68

 知识点

蒙版路径

视频讲解

图 1.71

1.9.2 制作文字动画

1️⃣ 在时间轴面板中，选中【文字】图层，选中工具箱中的【矩形工具】▇，在文字底部位置绘制 1 个矩形蒙版路径，将当前图层中的文字隐藏，效果如图 1.72 所示。

图 1.72

2️⃣ 在时间轴面板中，将时间调整到 0:00:01:00 帧的位置，选中【文字】图层，将其展开，单击【蒙版】|【蒙版 1】|【蒙版路径】左侧码表🕐，在当前位置添加关键帧，如图 1.73 所示。

图 1.73

（操作步骤图标） 操作步骤

1.9.1 制作标签动画

1️⃣ 打开工程文件"工程文件\第 1 章\服装广告 .aep"。

2️⃣ 在时间轴面板中，选中【风情系列】图层，选中工具箱中的【矩形工具】▇，在图形右侧位置绘制 1 个矩形蒙版路径，将当前图层中的图像隐藏，效果如图 1.69 所示。

图 1.69

3️⃣ 在时间轴面板中，将时间调整到 0:00:00:10 帧的位置，选中【风情系列】图层，将其展开，单击【蒙版】|【蒙版 1】|【蒙版路径】左侧码表🕐，在当前位置添加关键帧，如图 1.70 所示。

图 1.70

4️⃣ 将时间调整到 0:00:01:10 帧的位置，同时选中蒙版左上角及左下角锚点并向左侧拖动，系统将自动添加关键帧，制作出动画效果，如图 1.71 所示。

3 将时间调整到 0：00：02：00 帧的位置，同时选中蒙版左上角及右上角锚点并向顶部拖动，系统将自动添加关键帧，制作出动画效果，如图 1.74 所示。

图 1.74（续）

4 这样就完成了最终整体效果制作，按小键盘上的 0 键即可在合成窗口中预览动画。

图 1.74

1.10 服装动态标签制作

 实例解析

本例主要讲解服装动态标签制作，动态标签可以直观地表现商品的特征，最终效果如图 1.75 所示。

图 1.75

 知识点

缩放
修剪路径
位置

视频讲解

图1.77（续）

操作步骤

1.10.1 制作动态正圆

1️⃣ 打开工程文件"工程文件\第1章\服装.aep"。

2️⃣ 选中工具箱中的【椭圆工具】，按Shift+Ctrl组合键在服装边缘位置绘制1个正圆，设置【填充】为白色，【描边】为无，将生成1个【形状图层1】图层。

3️⃣ 在时间轴面板中，选中【形状图层1】图层，按Ctrl+D组合键复制出1个【形状图层2】图层，如图1.76所示。

图1.76

4️⃣ 在时间轴面板中，选中【形状图层1】图层，打开【不透明度】属性，将其数值更改为30%。

5️⃣ 选中【形状图层2】图层，打开【缩放】属性，将其数值更改为（50.0，50.0%），如图1.77所示。

图1.77

6️⃣ 在时间轴面板中，将时间调整到0:00:00:00帧的位置，选中【形状图层2】图层及【形状图层1】图层，打开【缩放】属性，单击【缩放】左侧码表，在当前位置添加关键帧，修改【缩放】的值为（0，0）。

7️⃣ 将时间调整到0:00:00:20帧的位置，将【形状图层2】图层中的【缩放】的值更改为（50.0，50.0%），如图1.78所示。

图1.78

8️⃣ 将时间调整到0:00:00:10帧的位置，将【形状图层1】图层中的【缩放】的值更改为（100.0，100.0%），系统将自动添加关键帧，如图1.79所示。

图1.79

1.10.2 打造动态标签

1️⃣ 选中工具箱中的【钢笔工具】，在衣服位置绘制1条弯曲线段，设置【填充】为无，【描边】的值为1，效果如图1.80所示。

图 1.80

② 在时间轴面板中，将时间调整到0:00:00:20
帧的位置，选中【形状图层 3】图层，单击【添加】
右侧的三角形按钮 添加: ⊙ ，从弹出的菜单中选择
【修剪路径】选项，展开【修剪路径 1】，将【结束】
的值更改为 0%，单击【结束】左侧码表 ，在当
前位置添加关键帧。然后将时间调整到 0:00:02:00
帧的位置，将【结束】的值更改为 100%，系统将
自动添加关键帧，如图 1.81 所示。

图 1.81

③ 打开工程文件，选中工具箱中的【矩形
工具】 ，绘制 1 个细长矩形，设置【填充】为白色，
【描边】为无，将生成 1 个【形状图层 4】图层，
效果如图 1.82 所示。

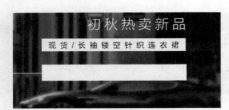

图 1.82

④ 在时间轴面板中，选中【形状图层 4】
图层，打开【不透明度】属性，将其数值更改为
20%，如图 1.83 所示。

⑤ 选中工具箱中的【向后平移（锚点）工具】
，将矩形中心点移至左侧边缘中间位置，效果

如图 1.84 所示。

图 1.83

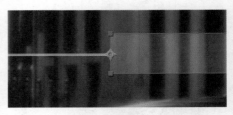

图 1.84

⑥ 在时间轴面板中，将时间调整到
0:00:02:00 帧的位置，选中【形状图层 4】图层，
打开【缩放】属性，单击【缩放】的【约束比例】
图标 ，将【缩放】的值更改为（0.0，100.0%），
单击【缩放】左侧码表 ，在当前位置添加关键帧。

⑦ 将时间调整到 0:00:03:00 帧的位置，将
【缩放】的值更改为（100.0，100.0%），系统将
自动添加关键帧，如图 1.85 所示。

图 1.85

8 选中工具箱中的【横排文字工具】█，在图像中输入 Microsoft YaHei UI 字体的文字，效果如图 1.86 所示。

图 1.86

9 将输入的文字向右侧平移至画布之外区域，如图 1.87 所示。

图 1.87

 提示 为了方便对文字图层进行管理，可将其图层名称更改为"文字"。

10 在时间轴面板中，将时间调整到 0:00:03:00 帧的位置，选中【文字】图层，打开【位置】属性，单击【位置】左侧码表█，在当前位置添加关键帧。

11 将时间调整到 0:00:04:00 帧的位置，将文字向左侧平移至画布之外区域，制作位置动画，系统将自动添加关键帧，如图 1.88 所示。

图 1.88

12 这样就完成了最终整体效果制作，按小键盘上的 0 键即可在合成窗口中预览动画。

1.11 小票优惠券动效制作

实例解析

本例主要讲解小票优惠券动效制作。本例以漂亮的小票样式图像作为整个动效的主体视觉图片，与信封样式图形相结合，整个动效非常自然，最终效果如图 1.89 所示。

图 1.89

图 1.89（续）

 知识点

位置
不透明度

视频讲解

 操作步骤

1.11.1 制作位置动画

① 打开工程文件"工程文件 \ 第 1 章 \ 情人节活动 .aep"。

② 在时间轴面板中，选中【小票】图层，在图像中将其向顶部方向拖动至图像之外区域，效果如图 1.90 所示。

③ 选中工具箱中的【向后平移（锚点）工具】，将图像中心点移至底部中间位置，效果如图 1.91 所示。

图 1.90   图 1.91

④ 在时间轴面板中，选中【小票】图层，将时间调整到 0:00:00:00 帧的位置，打开【位置】属性，单击【位置】左侧码表，在当前位置添加关键帧，如图 1.92 所示。

图 1.92

⑤ 将时间调整到 0:00:01:00 帧的位置，将小票图像向底部方向拖动，系统将自动添加关键帧，制作出位置动画，如图 1.93 所示。

⑥ 在时间轴面板中，选中【小票】图层，将时间调整到 0:00:00:00 帧的位置，打开【缩放】属性，单击【缩放】的【约束比例】图标，再单击【缩放】左侧码表，在当前位置添加关键帧，如图 1.94 所示。

⑦ 将时间调整到 0:00:00:15 帧的位置，将【缩放】的值更改为（100.0，80.0%）。然后将时间调整到 0:00:01:00 帧的位置，单击【在当前时

间添加或移除关键帧】按钮 ◎，在当前位置添加延时帧以制作缩放动画效果，如图 1.95 所示。

图 1.93

图 1.94

图 1.95

8 在时间轴面板中，选中【文字】图层，将文字移至小票位置，效果如图 1.96 所示。

图 1.96

1.11.2　添加不透明度效果

1 在时间轴面板中，选中【文字】图层，将时间调整到 0:00:00:20 帧的位置，打开【不透明度】属性，单击其左侧码表 ◎，在当前位置添加关键帧，并将其数值更改为 0%。然后将时间调整到 0:00:01:00 帧的位置，将【不透明度】的值更改为 100%，系统将自动添加关键帧，制作出不透明度动画效果，如图 1.97 所示。

图 1.97

2 在时间轴面板中，选中【心形】图层，将时间调整到 0:00:00:00 帧的位置，打开【缩放】属性，单击【缩放】左侧码表 ◎，在当前位置添加关键帧，并将【缩放】的值更改为（300.0, 300.0%）。

3 打开【不透明度】属性，单击其左侧码表 ◎，在当前位置添加关键帧，并将其数值更改为 0%，如图 1.98 所示。

图 1.98

4 将时间调整到0:00:01:00帧的位置,将【缩放】的值更改为（100.0，100.0%），将【不透明度】的值更改为100%，系统将自动添加关键帧，如图1.99所示。

图 1.99

1.11.3 打造蒙版动画

1 选中【抽】文字图层，选中工具箱中的【矩形工具】，在文字顶部位置绘制1个矩形蒙版，效果如图1.100所示。

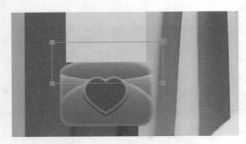

图 1.100

2 在时间轴面板中，将时间调整到0:00:00:20帧的位置，选中【抽】图层，将其展开，单击【蒙版】|【蒙版1】|【蒙版路径】左侧码表，在当前位置添加关键帧，如图1.101所示。

图 1.101

3 将时间调整到0:00:01:00帧的位置，同时选中蒙版左下角及右下角锚点并向下拖动，系统将自动添加关键帧，如图1.102所示。

图 1.102

4 这样就完成了最终整体效果的制作，按小键盘上的0键即可在合成窗口中预览动画。

1.12 星形放大动效制作

 实例解析

本例主要讲解星形放大动效制作，在制作过程中将星形图像放大，同时为文字制作透明度动画以表现出动效的过渡效果，整个动效非常出色，最终效果如图 1.103 所示。

图 1.103

 知识点

缩放
不透明度
预合成

视频讲解

操作步骤

1.12.1 打造星形位置动画

1 打开工程文件"工程文件\第 1 章\电脑广告 .aep"。

2 在时间轴面板中，选中【文字】图层，将其暂时隐藏。

3 将时间调整到 0:00:00:00 帧的位置，选中【五角星】图层，打开【位置】属性，单击【位置】左侧码表 ，在当前位置添加关键帧，在图像中将其向左下角移动，如图 1.104 所示。

图 1.104

④ 将时间调整到 0:00:01:00 帧的位置，在图像中将五角星图像向右上角方向拖动，系统将自动添加关键帧，如图 1.105 所示。

图 1.105

⑤ 在时间轴面板中，选中【五角星】图层，将时间调整到 0:00:00:00 帧的位置，打开【缩放】属性，单击【缩放】左侧码表，在当前位置添加关键帧，并将【缩放】的值更改为（0.0，0.0%）。

⑥ 将时间调整到 0:00:01:00 帧的位置，将【缩放】的值更改为（100.0，100.0%），系统将自动添加关键帧，制作缩放动画效果，如图 1.106 所示。

图 1.106

⑦ 将【文字】图层显示出来，在图像中适当调整其位置，使其位于五角星图形中间，如图 1.107 所示。

图 1.107

图 1.107（续）

⑧ 在时间轴面板中，选中【文字】图层，将时间调整到 0:00:01:00 帧的位置，打开【不透明度】属性，单击其左侧码表，在当前位置添加关键帧，并将其数值更改为 0%。然后将时间调整到 0:00:01:10 帧的位置，将【不透明度】的值更改为 100%，系统将自动添加关键帧，制作出不透明度动画，如图 1.108 所示。

图 1.108

1.12.2　绘制位置动画轨迹

① 选中工具箱中的【钢笔工具】，在五角星左下角绘制 1 个不规则图形，设置图形的【填充】为白色，【描边】为无，将生成 1 个【形状图层 1】图层，效果如图 1.109 所示。

② 以同样方法再次绘制多个不同颜色的图形，此时将生成多个对应的图层，效果如图 1.110 所示。

③ 在时间轴面板中，选中【形状图层 1】图层，在【效果和预设】面板中展开【生成】特效组，然后双击【梯度渐变】特效。

④ 在【效果控件】面板中，设置【渐变起点】的值为（78.0，270.0），【起始颜色】为紫色（R:168，G:173，B:255），【渐变终点】的值为（-16.0，

413.0），【结束颜色】为深紫色（R:59，G:66，B:178），如图 1.111 所示。

图 1.109

图 1.110

图 1.111

5 在时间轴面板中，选中【形状图层 1】图层，在【效果控件】面板中，选中【梯度渐变】，按 Ctrl+C 组合键将其复制。再选中【形状图层 2】图层，在【效果控件】面板中，按 Ctrl+V 组合键进行粘贴，将【形状图层 2】中的【渐变起点】的值更改为（82.0，328.0），如图 1.112 所示。

图 1.112

6 以同样方法分别为另外两个图层粘贴梯度渐变效果，并调整【渐变起点】或【渐变终点】的数值，如图 1.113 所示。

图 1.113

1.12.3 添加预合成

1 在时间轴面板中，同时选中刚创建的 4 个形状图层，单击右键，在弹出的菜单中选择【预合成】选项，在弹出的对话框中将【名称】更改为"图形"，完成之后单击【确定】按钮，如图 1.114 所示。

图 1.114

2 在时间轴面板中，选中【图形】图层，将时间调整到 0:00:00:00 帧的位置，打开【缩放】属性，单击【缩放】左侧码表，在当前位置添加关键帧，并将【缩放】的值更改为（0.0，0.0%）。

3 将时间调整到 0:00:01:00 帧的位置，将【缩放】的值更改为（100.0，100.0%），系统将自动添加关键帧，制作缩放动画效果，如图 1.115 所示。

图 1.115

图 1.116

4 选中工具箱中的【向后平移（锚点）工具】，选中【图形】图层，在图像中将图形中心定位点移至左下角位置，效果如图 1.116 所示。

> 提示
> 在更改图形中心定位点时需要进行多次细微调整，这样图形动画与五角星动画的衔接才能更加自然。

5 这样就完成了最终整体效果制作，按小键盘上的 0 键即可在合成窗口中预览动画。

第 2 章

热卖宝贝光线动效制作

内容摘要

本章讲解热卖宝贝光线动效制作，在整个讲解过程中列举了边框光效制作、霓虹灯动效制作、环状光线动画制作、月夜光线动效制作、科幻蓝光动效制作、延时光线动效制作、快充电流动效制作、冲击波动效制作、彩光线条动效制作、科技光线动效制作及保护光圈动效制作。通过对本章的学习，读者可以掌握大部分热卖宝贝光线动效制作的内容。

教学目标

- ◉ 掌握边框光效制作
- ◉ 理解环状光线动画制作
- ◉ 学习科幻蓝光动效制作
- ◉ 学会冲击波动效制作
- ◉ 掌握彩光线条动效制作
- ◉ 学会保护光圈动效制作

2.1 边框光效制作

 实例解析

本例主要讲解边框光效制作，本例中的光效动画以勾画的形式呈现，通过利用勾画效果控件制作出漂亮的流动光效动画，最终效果如图 2.1 所示。

图 2.1

视频讲解

 知识点

勾画

 操作步骤

1 打开工程文件"工程文件 \ 第 2 章 \ 新百货 banner.aep"。

2 执行菜单栏中的【图层】|【新建】|【纯色】命令，在弹出的对话框中将【名称】更改为"勾画光效"，将【颜色】更改为黑色，完成之后单击【确定】按钮。

3 选中【勾画光效】图层，选中工具箱中的【钢笔工具】 ，在图像中人物边框位置绘制 1 个蒙版路径，效果如图 2.2 所示。

图 2.2

4 在时间轴面板中，将时间调整到 0:00:00:00 帧的位置，选中【勾画光效】图层，在【效果和预设】面板中展开【生成】特效组，然后双击【勾画】特效。

5 在【效果控件】面板中，选择【描边】为【蒙版 / 路径】，展开【蒙版 / 路径】，选择【路径】为【蒙版 1】，如图 2.3 所示。

图 2.3

6 展开【片段】，将【片段】值更改为 1，将【长度】值更改为 0.500，单击【旋转】左侧码表 ，在当前位置添加关键帧，如图 2.4 所示。

图 2.4

7 展开【正在渲染】选项，将【混合模式】更改为【透明】，将【颜色】更改为青色（R:0，G:255，B:246），设置【宽度】的值为 10.00，【硬度】的值为 0.500，【起始点不透明度】的值为 0.010，【中点不透明度】的值为 1.000，【中点位置】的值为 0.200，如图 2.5 所示。

图 2.5

图 2.5（续）

8 将时间调整到 0:00:00:00 帧的位置，修改【旋转】的值为（2x+0.0°）。在时间轴面板中，选中【勾画光效】图层，将其图层【模式】更改为【屏幕】，如图 2.6 所示。

图 2.6

9 这样就完成了最终整体效果制作，按小键盘上的 0 键即可在合成窗口中预览动画。

2.2 霓虹灯动效制作

实例解析

本例主要讲解霓虹灯动效制作，本例比较简单，主要用到发光效果控件以及不透明度动画，最终效果如图 2.7 所示。

图 2.7

图 2.7（续）

知识点

发光
不透明度

视频讲解

操作步骤

1　打开工程文件"工程文件 \ 第 2 章 \ 年中大促 .aep"。

2　在时间轴面板中，选中【数字】图层，按 Ctrl+D 组合键复制出 1 个【数字 2】新图层，如图 2.8 所示。

图 2.8

3　在时间轴面板中，选中【数字】图层，在【效果和预设】面板中展开【风格化】特效组，然后双击【发光】特效。

4　在【效果控件】面板中，将【发光半径】的值更改为 20.0，将时间调整到 0:00:00:00 帧的位置，将【发光强度】的值更改为 0.0，单击【发光强度】左侧码表 ，在当前位置添加关键帧，设置【发光颜色】为【A 和 B 颜色】，将【颜色 B】更改为黄色（R:255，G:216，B:0），如图 2.9 所示。

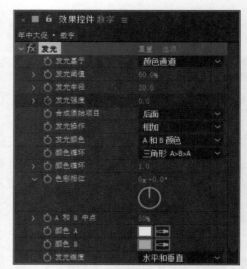

图 2.9

5　在时间轴面板中，将时间调整到 0:00:01:00 帧的位置，将【发光强度】的值更改为 2.0。将时间调整到 0:00:02:00 帧的位置，将【发光强度】的值更改为 0.0。将时间调整到 0:00:03:00 帧的位置，将【发光强度】的值更改为 2.0。将时间调整到 0:00:04:00 帧的位置，将【发光强度】的值更改为 0.0。将时间调整到 0:00:04:24 帧的位置，将【发光强度】的值更改为 2.0。系统将自动添加关键帧，如图 2.10 所示。

图 2.10

6　在时间轴面板中，选中【小灯】图层，将时间调整到 0:00:00:00 帧的位置，打开【不透明度】属性，单击其左侧码表，在当前位置添加关键帧，并将其数值更改为 0%。将时间调整到 0:00:00:10 帧的位置，将【不透明度】的值更改为 100%。将时间调整到 0:00:00:20 帧的位置，

将【不透明度】的值更改为 0%。将时间调整到 0:00:01:05 帧的位置，将【不透明度】的值更改为 100%。以同样方法每隔 10 帧更改不透明度，制作不透明度动画，系统将自动添加关键帧，如图 2.11 所示。

图 2.11

7　这样就完成了最终整体效果制作，按小键盘上的 0 键即可在合成窗口中预览动画。

2.3　环状光线动画制作

　实例解析

本例主要讲解剃须刀光效动画制作，本例以光线环绕剃须刀图像，并添加勾画效果制作出漂亮的动画，最终效果如图 2.12 所示。

图 2.12

　知识点

蒙版
勾画

视频讲解

操作步骤

1 打开工程文件"工程文件\第2章\剃须刀.aep"。

2 执行菜单栏中的【图层】|【新建】|【纯色】命令，在弹出的对话框中将【名称】更改为"描边"，将【颜色】更改为黑色，完成之后单击【确定】按钮。

3 选中【描边】图层，选中工具箱中的【椭圆工具】■，在图像中绘制1个蒙版路径，效果如图2.13所示。

图 2.13

4 在时间轴面板中，将时间调整到0:00:00:00帧的位置，选中【描边】图层，在【效果和预设】面板中展开【生成】特效组，然后双击【勾画】特效。

5 在【效果控件】面板中，选择【描边】为【蒙版/路径】，展开【蒙版/路径】，选择【路径】为【蒙版1】，如图2.14所示。

图 2.14

6 展开【片段】，将【片段】值更改为1，将【长度】值更改为0.600，单击【旋转】左侧码

表 ，在当前位置添加关键帧，如图2.15所示。

图 2.15

7 展开【正在渲染】选项，将【混合模式】更改为【透明】，设置【颜色】为青色（R:89，G:245，B:255），【宽度】的值为3.00，【硬度】的值为0.800，【起始点不透明度】的值为1.000，【中点不透明度】的值为0.000，【中点位置】的值为0.500，【结束点不透明度】的值为0.000，如图2.16所示。

图 2.16

8 在时间轴面板中，将时间调整到0:00:04:24帧的位置，选中【描边】图层，将【旋转】的值更改为（-2x+0.0°），系统将自动添加关键帧，如图2.17所示。

图 2.17

9 在时间轴面板中,选中【描边】图层,在【效果和预设】面板中展开【风格化】特效组,然后双击【发光】特效。

10 设置【发光阈值】的值为 40.0%,【发光半径】为 15.0,【发光强度】的值为 1.0,【发光颜色】为【A 和 B 颜色】,【颜色 A】为青色(R:0,G:204,B:255),【颜色 B】为白色,如图 2.18 所示。

图 2.18

11 在时间轴面板中,选中【描边】图层,在图像中将其移至剃须刀上半部分位置,效果如图 2.19 所示。

图 2.19

12 在时间轴面板中,选中【描边】图层,按 Ctrl+D 组合键复制出 1 个【描边 2】图层,打开【描边 2】的 3D 图层,将【Y 轴旋转】的值更改为(0x+180.0°),将【Z 轴旋转】的值更改为(0x+66.0°),如图 2.20 所示。

图 2.20

13 选中【描边 2】图层,在【效果控件】面板中,将【发光】中的【发光强度】的值更改为 1.5,将【颜色 A】更改为橙色(R:255,G:132,B:0),如图 2.21 所示。

图 2.21

14 以同样方法将描边图层再复制一份,并更改旋转数值,如图 2.22 所示。

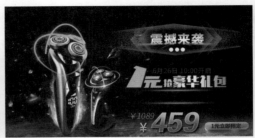

图 2.22

15 这样就完成了最终整体效果制作，按小键盘上的 0 键即可在合成窗口中预览动画。

2.4 月夜光线动效制作

实例解析

本例主要讲解月夜光线动效制作，本例比较简单，以漂亮的背景图像作为素材，同时添加效果控件并对其进行调整，即可完成整个效果制作，最终效果如图 2.23 所示。

图 2.23

视频讲解

知识点

Shine（光）

操作步骤

1 打开工程文件"工程文件 \ 第 2 章 \ 月饼 .aep"。

2 在时间轴面板中，同时选中【商品】及【背景】图层，按 Ctrl+D 组合键复制出两个新图层，单击右键，在弹出的菜单中选择【预合成】选项，在弹出的对话框中将名称更改为"光线"，如图 2.24

所示。

图 2.24

3　在时间轴面板中，选中【光线】图层，在【效果和预设】面板中展开 RG Trapcode 特效组，然后双击【Shine（光）】特效。

4　将时间调整到 0：00：00：00 帧的位置，在【效果控件】面板中，将【Source Point（发光点）】数值更改为（470.0，0.0），单击其左侧码表 ⏱，在当前位置添加关键帧，将【Ray Length（光线长度）】的值更改为 5.0，如图 2.25 所示。

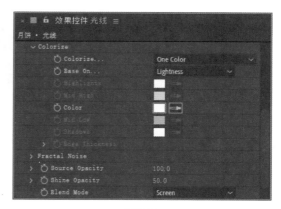

图 2.26

图 2.25

5　展开【Colorize（着色）】选项组，将【Colorize…（着色）】更改为【One Color（单个颜色）】，将【Color（颜色）】更改为白色，将【Shine Opacity（光不透明度）】的值更改为 50.0，如图 2.26 所示。

6　在时间轴面板中，将时间调整到 0：00：04：24 帧的位置，设置【Source Point（发光点）】的值为（785.0，0.0），系统会自动设置关键帧，如图 2.27 所示。

图 2.27

7　这样就完成了最终整体效果制作，按小键盘上的 0 键即可在合成窗口中预览动画。

2.5　科幻蓝光动效制作

实例解析

本例主要讲解科幻蓝光动效制作，在制作过程中先绘制图形并添加发光效果，再为图形制作出缩放动画即可完成整个动效制作，最终效果如图 2.28 所示。

图 2.28

图 2.28（续）

 知识点

发光
闪光灯
缩放

视频讲解

图 2.30

操作步骤

1 打开工程文件"工程文件\第 2 章\显示器 .aep"。

2 选中工具箱中的【钢笔工具】，在图像中绘制 1 个三角形，设置【填充】为无，【描边】为白色，【宽度】的值为 5，效果如图 2.29 所示。

图 2.29

3 在时间轴面板中，选中【形状图层 1】图层，将其展开，将【内容】|【形状 1】|【描边 1】中的【线段连接】的【模式】更改为【圆角连接】，如图 2.30 所示。

4 在时间轴面板中，选中【形状图层 1】图层，在【效果和预设】面板中展开【风格化】特效组，然后双击【发光】特效。

5 在【效果控件】面板中，将【发光半径】更改为 20.0，将【发光强度】的值更改为 3.0，将【发光颜色】更改为【A 和 B 颜色】，将【颜色 A】更改为蓝色（R:78，G:170，B:255），如图 2.31 所示。

6 在【效果和预设】面板中，选择【风格化】|【闪光灯】效果。

7 在【效果控件】面板中，将【闪光颜色】更改为蓝色（R:99，G:224，B:255），如图 2.32 所示。

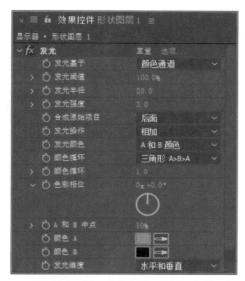

图 2.31

图 2.32

8 在时间轴面板中,选中【形状图层1】图层,按 Ctrl+D 组合键复制出【形状图层2】【形状图层3】及【形状图层4】3 个新图层,如图 2.33 所示。

图 2.33

9 在时间轴面板中,选中【形状图层1】图层,将时间调整到 00:00:00:00 帧的位置,打开【缩放】属性,单击【缩放】左侧码表,在当前位置添加关键帧,并将【缩放】的值更改为（500.0,500.0%）。

10 将时间调整到 00:00:01:00 帧的位置,将【缩放】的值更改为（50.0,50.0%）,系统将自动添加关键帧,制作缩放动画效果,如图 2.34 所示。

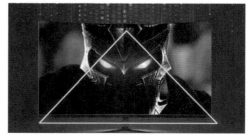

图 2.34

11 在时间轴面板中,选中【形状图层2】图层,将时间调整到 0:00:00:10 帧的位置,打开【缩放】属性,单击【缩放】左侧码表,在当前位置添加关键帧,并将【缩放】的值更改为（450.0,450.0%）。

12 将时间调整到 0:00:01:10 帧的位置，将【缩放】的值更改为（70.0，70.0%），系统将自动添加关键帧，制作缩放动画效果，如图 2.35 所示。

图 2.36

图 2.35

16 将时间调整到 0:00:02:10 帧的位置，将【缩放】的值更改为（120.0，120.0%），系统将自动添加关键帧，制作缩放动画效果，如图 2.37 所示。

13 在时间轴面板中，选中【形状图层 3】图层，将时间调整到 0:00:00:20 帧的位置，打开【缩放】属性，单击【缩放】左侧码表，在当前位置添加关键帧，并将【缩放】的值更改为（400.0，400.0%）。

14 将时间调整到 0:00:02:00 帧的位置，将【缩放】的值更改为（100.0，100.0%），系统将自动添加关键帧，制作缩放动画效果，如图 2.36 所示。

15 在时间轴面板中，选中【形状图层 4】图层，将时间调整到 0:00:01:00 帧的位置，打开【缩放】属性，单击【缩放】左侧码表，在当前位置添加关键帧，并将【缩放】的值更改为（350.0，350.0%）。

图 2.37

17 这样就完成了最终整体效果制作，按小键盘上的 0 键即可在合成窗口中预览动画。

2.6 延时光线动效制作

 实例解析

本例主要讲解延时光线动效制作，在制作过程中主要用到【Stroke（描边）】效果控件，通过绘制路径、添加效果控件并对参数进行调整即可完成整体动效制作，最终效果如图 2.38 所示。

图 2.38

知识点

Stroke（描边）
发光

视频讲解

操作步骤

2.6.1 绘制光线路径

1 打开工程文件"工程文件\第 2 章\背景图 .aep"。

2 执行菜单栏中的【图层】|【新建】|【纯色】命令，在弹出的对话框中将【名称】更改为"路径"，将【颜色】更改为黑色，完成之后单击【确定】按钮，如图 2.39 所示。

图 2.39

3 选中工具箱中的【钢笔工具】，选中【路径】图层，在图像中绘制 1 个弯曲路径，效果如图 2.40 所示。

图 2.40

4 在时间轴面板中，将时间调整到 0:00:00:00 帧的位置，选中【路径】图层，将其展开，单击【蒙版路径】左侧码表，在当前位置添加关键帧，如图 2.41 所示。

图 2.41

5 将时间调整到 0:00:02:13 帧的位置，调整路径形状，系统将自动添加关键帧，如图 2.42 所示。

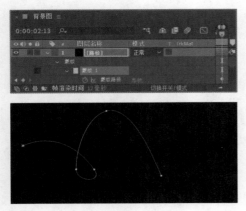

图 2.42

6 将时间调整到 0:00:04:24 帧的位置，
调整路径形状，系统将自动添加关键帧，如图 2.43
所示。

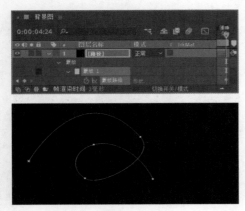

图 2.43

7 在时间轴面板中，选中【路径】图层，在【效
果和预设】面板中展开【生成】特效组，然后双击
【描边】特效。

8 在【效果控件】面板中，将【颜色】
更改为黄色（R:255，G:192，B:0），将【画笔大
小】的值更改为 2.0，将【画笔硬度】的值更改为
25%，将时间调整到 0:00:00:00 帧的位置，将【起
始】的值更改为 0.0%，将【结束】的值更改为
100.0%，分别单击【起始】和【结束】的左侧码表
，在当前位置添加关键帧，如图 2.44 所示。

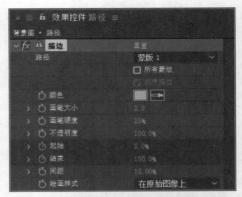

图 2.44

9 在时间轴面板中，将时间调整到 0:00:04:24
帧的位置，设置【起始】的值为 100.0%，【结束】
的值为 0.0%，系统将自动添加关键帧，如图 2.45
所示。

图 2.45

2.6.2 打造残影效果

1 执行菜单栏中的【图层】|【新建】|【调
整图层】命令，创建一个【调整图层 1】，选中【调
整图层 1】图层，在【效果和预设】面板中展开【时
间】特效组，然后双击【残影】特效。

2 在【效果控件】面板中，将【残影时间

（秒）】的值更改为 -0.100，将【残影数量】的值更改为 50，将【起始强度】的值更改为 0.70，将【衰减】的值更改为 0.95，如图 2.46 所示。

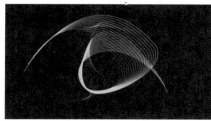

图 2.46

3　在时间轴面板中，选中【调整图层 1】图层，在【效果和预设】面板中展开【风格化】特效组，然后双击【发光】特效。

4　在【效果控件】面板中，将【发光阈值】的值更改为 60.0%，将【发光半径】的值更改为 20.0，如图 2.47 所示。

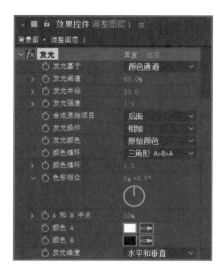

图 2.47

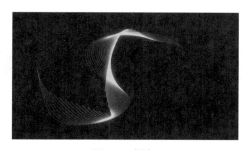

图 2.47（续）

5　在时间轴面板中，同时选中【调整图层 1】及【路径】图层，单击右键，在弹出的菜单中选择【预合成】选项，在弹出的对话框中将【名称】更改为"发光线条"，完成之后单击【确定】按钮，如图 2.48 所示。

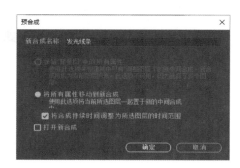

图 2.48

6　在时间轴面板中，将【发光线条】图层移至【图文】图层下方，并将其图层【模式】更改为【屏幕】，如图 2.49 所示。

图 2.49

7 这样就完成了最终整体效果制作，按小键盘上的 0 键即可在合成窗口中预览动画。

2.7 快充电流动效制作

实例解析

本例主要讲解快充电流动效制作，本例中的动效在制作过程中以分形杂色命令为主，辅以梯度渐变效果控件，整个制作过程比较简单，最终效果如图 2.50 所示。

图 2.50

知识点

分形杂色
梯度渐变

视频讲解

操作步骤

2.7.1 制作电流效果

1 打开工程文件"工程文件 \ 第 2 章 \ 快充 .aep"。

2 执行菜单栏中的【图层】|【新建】|【纯色】命令，在弹出的对话框中将【名称】更改为"电流"，将【颜色】更改为黑色，完成之后单击【确定】按钮。

3 在时间轴面板中，选中【背景】图层，在【效果和预设】面板中展开【生成】特效组，然后双击【梯度渐变】特效。

4 在【效果控件】面板中修改【起始颜色】

为青色（R:0，G:204，B:255），修改【结束颜色】为深青色（R:0，G:34，B:42）。

5 在时间轴面板中，选中【背景】图层，在【效果和预设】面板中展开【杂色和颗粒】特效组，然后双击【分形杂色】特效。

6 将【杂色类型】更改为【样条】，设置【对比度】的值为100.0，【亮度】的值为0.0，如图 2.51 所示。

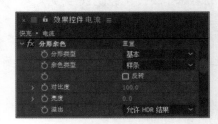

图 2.51

7 展开【变换】选项，取消选中【统一缩放】复选框，将【缩放宽度】的值更改为20.0，将【缩放高度】的值更改为600.0，将【复杂度】的值更改为6.0，将【不透明度】的值更改为100.0%，将【混合模式】更改为【叠加】，如图2.52所示。

图 2.52

8 在时间轴面板中，将时间调整到0:00:00:00帧的位置，选中【电流】图层，修改【缩放】的值为（100.0,420.0%），打开【位置】属性，单击【位置】左侧码表 ，在当前位置添加关键帧，在图像中将其向下移至画布之外区域，如图2.53所示。

图 2.53

9 在时间轴面板中，将时间调整到0:00:04:24帧的位置，在图像中将其向上拖动，系统将自动添加关键帧，制作出位置动画效果，如图2.54所示。

图 2.54

10 在【效果控件】面板中，按住Alt键单击【演化】左侧码表 ，在时间轴面板中输入time*100，为当前图层添加表达式，如图2.55所示。

图 2.55

2.7.2 打造电流动画

1 在时间轴面板中，将时间调整到0:00:02:00帧的位置，选中【电流】图层，将其图层【模式】更改为【屏幕】，如图2.56所示。

图 2.56

图 2.58

😊 **提示** 先将时间调整到 0:00:02:00 帧的位置，再更改图层模式的目的是能够直观地观察图像效果。

2️⃣ 将时间调整到 0:00:00:00 帧的位置，选中工具箱中的【矩形工具】▇，选中【电流】图层，在图像顶部绘制 1 个矩形蒙版，将部分图像隐藏，效果如图 2.57 所示。

图 2.57

3️⃣ 按 F 键打开【蒙版羽化】，将其数值更改为（50.0，50.0），再选中【反转】复选框，如图 2.58 所示。

4️⃣ 在时间轴面板中，选中【电流】图层，将其图层【不透明度】的值更改为 60%，如图 2.59 所示。

图 2.59

5️⃣ 这样就完成了最终整体效果制作，按小键盘上的 0 键即可在合成窗口中预览动画。

2.8 冲击波动效制作

实例解析

本例主要讲解冲击波动效制作，在制作过程中主要用到纯色层及【Shine（光线）】效果，最终效果如图2.60所示。

图2.60

知识点

Shine（光线）

不透明度

视频讲解

操作步骤

2.8.1 制作冲击波效果

1 打开工程文件"工程文件\第2章\电脑广告.aep"。

2 执行菜单栏中的【合成】|【新建合成】命令，打开【合成设置】对话框，设置【合成名称】为"路径"，【宽度】的值为700，【高度】的值为700，【帧速率】的值为25，并设置【持续时间】

为 0:00:05:00，如图 2.61 所示。

图 2.61

3 执行菜单栏中的【图层】|【新建】|【纯色】命令，在弹出的对话框中将【名称】更改为"白色"，将【颜色】更改为白色，完成之后单击【确定】按钮，结果如图 2.62 所示。

图 2.62

4 选中工具箱中的【椭圆工具】 ，选中【白色】图层，按 Shift+Ctrl 组合键绘制 1 个正圆蒙版路径，效果如图 2.63 所示。

图 2.63

5 执行菜单栏中的【图层】|【新建】|【纯色】命令，在弹出的对话框中将【名称】更改为"黑色"，将【颜色】更改为黑色，完成之后单击【确定】按钮，结果如图 2.64 所示。

图 2.64

6 选中工具箱中的【椭圆工具】 ，选中【黑色】图层，按 Shift+Ctrl 组合键绘制 1 个正圆蒙版路径，效果如图 2.65 所示。

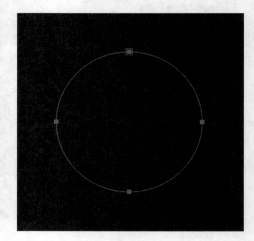

图 2.65

7 在时间轴面板中，选中【黑色】图层，展开【蒙版 1】|【蒙版扩展】，将其数值更改为 -10.0，如图 2.66 所示。

图 2.66

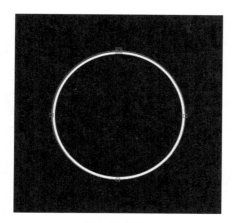

图 2.66（续）

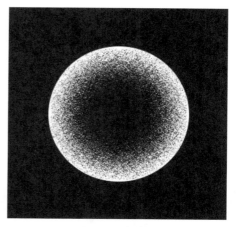

图 2.67（续）

8　在时间轴面板中，选中【黑色】图层，在【效果和预设】面板中展开【风格化】特效组，然后双击【毛边】特效。

9　在【效果控件】面板中，将【边界】的值更改为 300.00，将【边缘锐度】的值更改为 10.00，将【比例】的值更改为 10.0，将【复杂度】的值更改为 10，将时间调整到 0:00:00:00 帧的位置，单击【演化】左侧码表 ，在当前位置添加关键帧，如图 2.67 所示。

10　在时间轴面板中，将时间调整到 0:00:02:00 帧的位置，将【演化】的值更改为（-5x+0.0°），系统将自动添加关键帧，如图 2.68 所示。

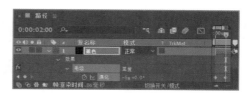

图 2.68

11　打开【游戏电脑】合成，在【项目】面板中，选中【路径】合成，将其拖至当前合成的时间轴面板中，如图 2.69 所示。

图 2.67

图 2.69

2.8.2 调整显示效果

1 在时间轴面板中，选中【路径】图层，在【效果和预设】面板中展开 RG Trapcode 特效组，然后双击【Shine（光线）】特效。

2 在【效果控件】面板中，将【Ray Length（光线长度）】的值更改为 0.5，将【Boost Light（光线亮度）】的值更改为 1.7，如图 2.70 所示。

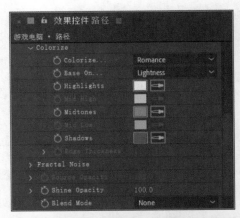

图 2.71

图 2.70

3 展开【Colorize（着色）】选项组，将【Colorize...（着色）】更改为【Romance（浪漫）】，将【Blend Mode（混合模式）】更改为【None（无）】，如图 2.71 所示。

4 在时间轴面板中，打开【路径】图层的 3D 开关，展开【变换】，将【方向】的值更改为（0.0°，20.0°，350.0°），将【X 轴旋转】的值更改为（0x-70.0°），将【Y 轴旋转】的值更改为（0x+120.0°），将【Z 轴旋转】的值更改为（0x+30.0°），如图 2.72 所示。

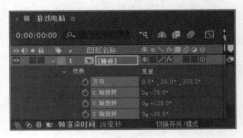

图 2.72

图 2.72（续）

5　将时间调整到 0:00:00:00 帧的位置，单击【缩放】的【约束比例】图标，取消约束比例，将其数值更改为（0.0，0.0，100.0%），并单击其左侧码表，在当前位置添加关键帧，如图 2.73 所示。

图 2.73

6　在时间轴面板中，选中【路径】图层，将时间调整到 0:00:02:00 帧的位置，将【缩放】的值更改为（300.0，300.0，100.0%），系统将自动添加关键帧，如图 2.74 所示。

图 2.74

7　在时间轴面板中，选中【路径】图层，将时间调整到 0:00:01:15 帧的位置，打开【不透明度】属性，单击其左侧码表，在当前位置添加关键帧，并将其数值更改为 100%。将时间调整到 0:00:02:00 帧的位置，将其数值更改为 0%，系统将自动添加关键帧，制作不透明度动画，如图 2.75 所示。

图 2.75

8　这样就完成了最终整体效果制作，按小键盘上的 0 键即可在合成窗口中预览动画。

2.9　彩光线条动效制作

 实例解析

本例主要讲解彩光线条动效制作，在制作过程中主要用到分形杂色及贝塞尔曲线等效果控件，整个制

55

作过程比较简单，最终效果如图 2.76 所示。

图 2.76

知识点

分形杂色
贝塞尔曲线

 操作步骤

2.9.1 打造光线图像

1 打开工程文件"工程文件 \ 第 2 章 \ 充电器广告 .aep"。

2 执行菜单栏中的【图层】|【新建】|【纯色】命令，在弹出的对话框中将【名称】更改为"蓝色光线"，将【颜色】更改为灰色（R:58，G:58，B:58），完成之后单击【确定】按钮，如图 2.77 所示。

图 2.77

3 在时间轴面板中，选中【蓝色光线】图层，

在【效果和预设】面板中展开【杂色和颗粒】特效组，然后双击【分形杂色】特效。

4 在【效果控件】面板中，将【对比度】的值更改为 550.0，将【亮度】的值更改为 -100.0，将【溢出】更改为【剪切】，如图 2.78 所示。

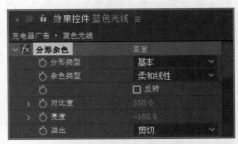

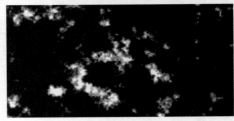

图 2.78

5 展开【变换】选项组，取消选中【统一缩放】复选框，将【缩放宽度】的值更改为 60.0，将【缩放高度】的值更改为 3000.0，将时间调整到 0:00:00:00 帧的位置，单击【演化】左侧码表 ，在当前位置添加关键帧，如图 2.79 所示。

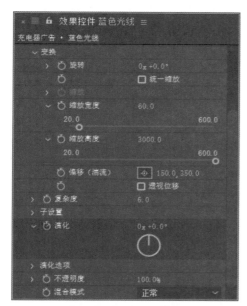

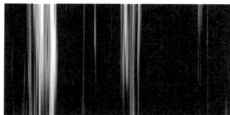

图 2.79

6 将时间调整到 0:00:04:24 帧的位置，将【演化】的值更改为（1x+0.0°），系统将自动添加关键帧，如图 2.80 所示。

图 2.80

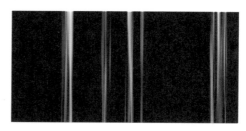

图 2.80（续）

7 在时间轴面板中，选中【蓝色光线】图层，在【效果和预设】面板中展开【扭曲】特效组，然后双击【贝塞尔曲线变形】特效。

8 在图像中拖动变形控制点，将图像变形，如图 2.81 所示。

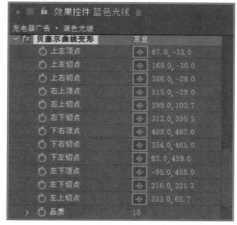

图 2.81

2.9.2　对光线进行调色

1 在时间轴面板中，选中【蓝色光线】图层，在【效果和预设】面板中展开【颜色校正】特效组，然后双击【色相/饱和度】特效。

2 在【效果控件】面板中，选中【彩色化】复选框，将【着色色相】的值更改为（0x+200.0°），将【着色饱和度】的值更改为60，如图2.82所示。

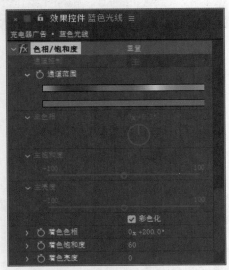

图 2.82

3 在时间轴面板中，选中【蓝色光线】图层，在【效果和预设】面板中展开【风格化】特效组，然后双击【发光】特效。

4 在【效果控件】面板中，将【发光半径】的值更改为100.0，如图2.83所示。

图 2.83

图 2.83（续）

5 在时间轴面板中，选中【蓝色光线】图层，按 Ctrl+D 组合键复制出 1 个新图层，将复制的新图层名称更改为"紫色光线"，并修改这两层的【模式】为【屏幕】，如图2.84所示。

图 2.84

6 在【效果控件】面板中，将【着色色相】的值更改为（0x+300.0°），如图2.85所示。

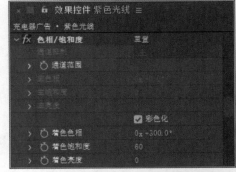

图 2.85

7　在时间轴面板中，选中【紫色光线】图层，打开【位置】属性，将其数值更改为（100.0，190.0），如图 2.86 所示。

图 2.86

图 2.86（续）

8　这样就完成了最终整体效果制作，按小键盘上的 0 键即可在合成窗口中预览动画。

2.10　科技光线动效制作

　实例解析

本例主要讲解科技光线动效制作，在制作过程中主要用到文字工具，并结合勾画效果控件来完成整个光线动效制作，最终效果如图 2.87 所示。

图 2.87

知识点

勾画
发光

操作步骤

2.10.1 输入字母

1 打开工程文件"工程文件 \ 第 2 章 \ 手机广告 .aep"。

2 执行菜单栏中的【合成】|【新建合成】命令，打开【合成设置】对话框，设置【合成名称】为"光线 1"，【宽度】的值为 700，【高度】的值为 700，【帧速率】的值为 25，并设置【持续时间】为 0：00：05：00，如图 2.88 所示。

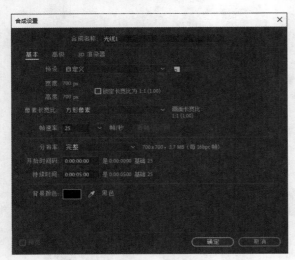

图 2.88

3 选中工具箱中的【横排文字工具】T，在图像中靠左上角区域输入英文 HE（方正兰亭特黑长简体），如图 2.89 所示。

4 执行菜单栏中的【合成】|【新建合成】命令，打开【合成设置】对话框，设置【合成名称】

为"光线 2"，【宽度】的值为 700，【高度】的值为 700，【帧速率】的值为 25，并设置【持续时间】为 0：00：05：00，如图 2.90 所示。

图 2.89

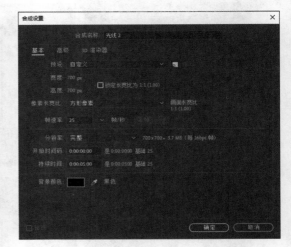

图 2.90

5 选中工具箱中的【横排文字工具】T，在图像中靠右上角区域输入英文 THE（方正兰亭特黑长简体），如图 2.91 所示。

6 打开【手机广告】合成，在【项目】面板中，同时选中【光线 1】及【光线 2】图层，将其拖至【手机广告】时间轴面板中，如图 2.92 所示。

图 2.91

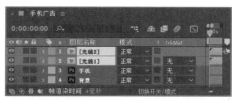

图 2.92

2.10.2　制作光线特效

① 执行菜单栏中的【图层】|【新建】|【纯色】命令，在弹出的对话框中将【名称】更改为"紫光"，将【颜色】更改为黑色，完成之后单击【确定】按钮，如图 2.93 所示。

② 在时间轴面板中，选中【紫光】图层，在【效果和预设】面板中展开【生成】特效组，然后双击【勾画】特效。

图 2.93

③ 在【效果控件】面板中，展开【图像等高线】选项组，将【输入图层】更改为【2. 光线 2】，如图 2.94 所示。

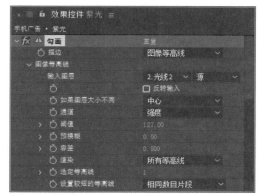

图 2.94

④ 展开【片段】选项组，将【片段】的值更改为 1，将【长度】的值更改为 0.500，将时间调整到 0:00:00:00 帧的位置，单击【旋转】左侧码表 ◎，选中【随机相位】复选框，将【随机植入】的值更改为 6，如图 2.95 所示。

⑤ 在时间轴面板中，将时间调整到 0:00:04:24 帧的位置，将【旋转】的值更改为（-1x-240.0°），系统将自动添加关键帧，如图 2.96 所示。

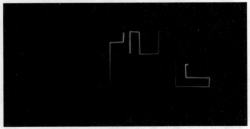

图 2.95

图 2.96

图 2.97

⑥ 在时间轴面板中，选中【紫光】图层，在【效果和预设】面板中展开【风格化】特效组，然后双击【发光】特效。

⑦ 在【效果控件】面板中，将【发光阈值】的值更改为 20.0%，将【发光半径】的值更改为 20.0，将【发光强度】的值更改为 2.0，将【发光颜色】更改为【A 和 B 颜色】，设置【颜色 A】为深蓝色（R:0，G:48，B:255），设置【颜色 B】为紫色（R:192，G:0，B:255），如图 2.97 所示。

⑧ 在时间轴面板中，选中【紫光】图层，按 Ctrl+D 组合键复制出 1 个新图层，并将复制的新图层重命名为"绿光"。

⑨ 选中【绿光】图层，在【效果控件】面板中，选中【勾画】效果，展开【图像等高线】选项组，将【输入图层】更改为【4. 光线 1】，如图 2.98 所示。

图 2.98

2.10.3 调整光线颜色

1️⃣ 选中【发光】效果,将其展开,将【颜色 A】更改为青色(R:0,G:255,B:246),将【颜色 B】更改为绿色(R:55,G:255,B:0),如图 2.99 所示。

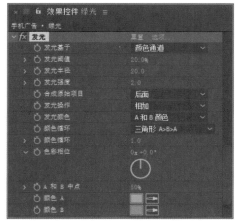

图 2.99

2️⃣ 在时间轴面板中,同时选中【光线 1】及【光线 2】图层,将其隐藏,再同时选中【绿光】及【紫光】图层,将其图层【模式】更改为【屏幕】,如图 2.100 所示。

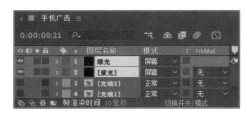

图 2.100

图 2.100(续)

3️⃣ 在时间轴面板中,选中【绿光】图层,按 Ctrl+D 组合键复制出 1 个【绿光 2】图层,打开【旋转】属性,将【旋转】的值更改为(0x+180.0°),如图 2.101 所示。

图 2.101

4️⃣ 在时间轴面板中,选中【紫光】图层,按 Ctrl+D 组合键复制出 1 个【紫光 2】图层,打开【旋转】属性,将【旋转】的值更改为(0x+180.0°),如图 2.102 所示。

图 2.102

图 2.103

⑤ 在时间轴面板中，选中【手机】图层，将其移至所有图层上方，如图 2.103 所示。

⑥ 这样就完成了最终整体效果制作，按小键盘上的 0 键即可在合成窗口中预览动画。

2.11　保护光圈动效制作

　实例解析

本例主要讲解保护光圈动效制作，主要用到【CC Lens（CC 镜头）】特效，为产品图像制作 1 个保护光圈效果，最终效果如图 2.104 所示。

图 2.104

图 2.104（续）

 知识点

CC Lens（CC 镜头）
曲线
不透明度
旋转

 视频讲解

 操作步骤

2.11.1　制作基础图像

1️⃣ 打开工程文件"工程文件 \ 第 2 章 \ 新品广告 .aep"。

2️⃣ 在【光圈】时间轴面板中，选中【灯光】图层，在【效果和预设】中展开【扭曲】特效组，双击【湍流置换】特效。

3️⃣ 在【效果控件】面板中，将【大小】的值更改为 60.0，如图 2.105 所示。

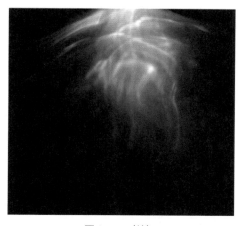

图 2.105（续）

图 2.105

4️⃣ 在【效果控件】面板中，按下 Alt 键，同时单击【演化】左侧码表 ⏱️，在时间轴面板中输入 time*50，如图 2.106 所示。

5️⃣ 在时间轴面板中，选中【灯光 .jpg】图层，按 Ctrl+D 组合键复制出 1 个【灯光 2】图层，如图 2.107 所示。

65　◉

图 2.106

图 2.107

6 选中【灯光2】图层，将其图层【模式】
更改为【屏幕】，再按键盘上的向左方向键，将其
稍微移动，如图 2.108 所示。

图 2.108

7 执行菜单栏中的【合成】|【新建合成】
命令，打开【合成设置】对话框，新建一个【合成
名称】为"球体"、【宽度】的值为 700、【高度】
的值为 650、【帧速率】的值为 25、【持续时间】
为 0:00:05:00 的合成，如图 2.109 所示。

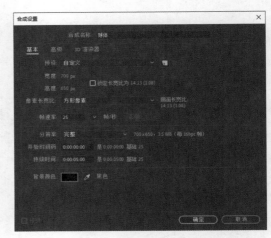

图 2.109

8 在【项目】面板中选中【光圈】合成，
将其拖动到【球体】的时间轴面板中。

9 选中【光圈】图层，在【效果和预设】
面板中展开【扭曲】特效组，双击【极坐标】特效。

10 在【效果控件】面板中，设置【插值】
数值为 100.0%，从【转换类型】右侧下拉列表中
选择【矩形到极线】，如图 2.110 所示。

图 2.110

2.11.2 打造球体效果

1 在时间轴面板中,选中【光圈】图层,在【效果和预设】面板中展开【扭曲】特效组,然后双击【CC Lens（CC 镜头）】特效。

2 在【效果控件】面板中,将【Center（中心）】的值更改为（348.0，304.0），将【Size（尺寸）】的值更改为 50.0，如图 2.111 所示。

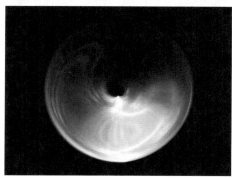

图 2.111

3 在时间轴面板中,选中【光圈】图层,在【效果和预设】面板中展开【颜色校正】特效组,然后双击【曲线】特效。

4 在【效果控件】面板中,从【通道】右侧下拉列表中分别选择不同通道,调整曲线,如图 2.112 所示。

5 执行菜单栏中的【图层】|【新建】|【纯色】命令,打开【纯色设置】对话框,设置【名称】为"粒子",【宽度】的值为 700，【高度】的值为 650，【颜色】为黑色,如图 2.113 所示。

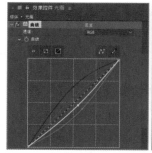

图 2.112

图 2.113

2.11.3 添加粒子元素

1 选中【粒子】图层,在【效果和预设】面板中展开【模拟】特效组,双击【CC Particle World（CC 粒子世界）】特效。

2 在【效果控件】面板中,设置【Birth Rate（出生率）】数值为 0.6，如图 2.114 所示。

图 2.114

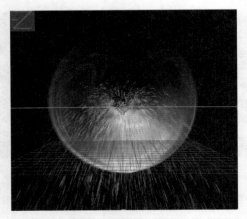

图 2.114（续）

3 展开【Producer（发生器）】选项组，设置【Radius X（X 轴半径）】数值为 0.145，【Radius Y（Y 轴半径）】数值为 0.135，【Radius Z（Z 轴半径）】数值为 0.805，如图 2.115 所示。

4 展开【Physics（物理学）】选项组，从【Animation（动画）】右侧下拉列表中选择【Twirl（扭转）】，设置【Velocity（速度）】数值为 0.06，【Gravity（重力）】数值为 0.000，如图 2.116 所示。

图 2.116

5 展开【Particle（粒子）】选项组，从【Particle Type（粒子类型）】右侧下拉列表中选择【Faded Sphere（球形衰减）】，设置【Birth Size（出生尺寸）】数值为 0.140，【Death Size（死亡尺寸）】数值为 0.100，如图 2.117 所示。

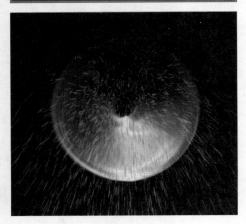

图 2.115

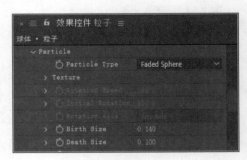

图 2.117

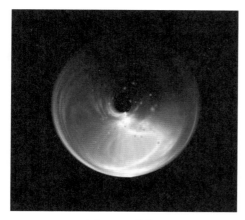

图 2.117（续）

6 选中【粒子】图层，在【效果和预设】中展开【扭曲】特效组，双击【CC Lens（CC 镜头）】特效。

7 在【效果控件】面板中，设置【Center（中心）】数值为（343.0，307.0），【Size（大小）】数值为 48.0，如图 2.118 所示。

图 2.118

8 选中【粒子】图层，设置该层的图层【模式】为【相加】，如图 2.119 所示。

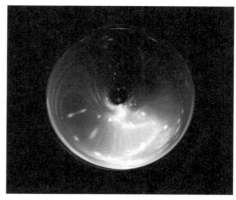

图 2.119

9 在【项目】面板中，打开【新品广告】合成，再选中【球体】合成，将其拖至【新品广告】合成中并放在【产品】图层下方，然后将其图层【模式】更改为【屏幕】，如图 2.120 所示。

图 2.120

> 提示　在添加【球体】合成并更改图层模式之后，需要调整当前图层中图像的位置，使其包裹住产品图像。

10 在时间轴面板中，选中【球体】图层，按 Ctrl+D 组合键复制 1 个【球体 2】新图层。

11 将【球体 2】新图层移至【产品】图层上方，打开【旋转】属性，将其数值更改为（0x+180.0°），打开【不透明度】属性，将其数值更改为 50%，如图 2.121 所示。

图 2.121（续）

12 这样就完成了最终整体效果制作，按小键盘上的 0 键即可在合成窗口中预览动画。

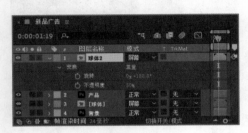

图 2.121

第 3 章

网店绚丽色彩动效制作

内容摘要

本章讲解网店绚丽色彩动效制作，讲解内容以表现产品的色彩为主，在讲解过程中列举了自然水墨画动效制作、多色商品动效制作、鲜艳色彩表现力动效制作、性能芯片电流特效制作、彩色音效动画制作、动感唇彩变色效果制作、彩色水果广告动效制作及汽车主题色彩动画制作，通过对本章的学习，读者可以掌握基本的网店绚丽色彩动效制作。

教学目标

◉ 掌握自然水墨画动效制作　　◉ 理解多色商品动效制作　　◉ 学习性能芯片电流特效制作

◉ 学会彩色音效动画制作　　　◉ 了解动感唇彩变色效果制作　◉ 掌握彩色水果广告动效制作

◉ 学会汽车主题色彩动画制作

3.1　自然水墨画动效制作

 实例解析

本例主要讲解自然水墨画动效制作，本例中的动效在制作过程中主要用到查找边缘及色调效果控件，最终效果如图 3.1 所示。

图 3.1

 知识点

查找边缘
色调

操作步骤

1　打开工程文件"工程文件 \ 第 3 章 \ 端午节 .aep"。

2　在时间轴面板中，选中【背景】图层，在图像中将其向右侧方向平移，效果如图 3.2 所示。

图 3.2

3　在时间轴面板中，选中【背景】图层，将时间调整到 0:00:00:00 帧的位置，打开【位置】属性，单击【位置】左侧码表 ，在当前位置添加关键帧，如图 3.3 所示。

图 3.3

4　将时间调整到 0:00:04:24 帧的位置，将图像向左侧平移，系统将自动添加关键帧，制作出位置动画，如图 3.4 所示。

5　在时间轴面板中，选中【背景】图层，在【效果和预设】面板中展开【风格化】特效组，然后双击【查找边缘】特效，如图 3.5 所示。

图 3.4

图 3.5

6 在时间轴面板中,选中【背景】图层,在【效果和预设】面板中展开【颜色校正】特效组,然后双击【色调】特效。

7 在【效果控件】面板中,将【将黑色映射到】更改为灰色(R:121,G:102,B:102),如图 3.6 所示。

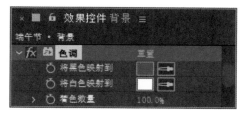

图 3.6

8 这样就完成了最终整体效果制作,按小键盘上的 0 键即可在合成窗口中预览动画。

3.2 多色商品动效制作

 实例解析

本例主要讲解多色商品动效制作,本例在制作过程中为漂亮的耳机添加【色相 / 饱和度】效果控件及关键帧,制作出色彩变化的动画效果,最终效果如图 3.7 所示。

图 3.7

图 3.7（续）

 知识点

色相 / 饱和度

 操作步骤

1 打开工程文件"工程文件 \ 第 3 章 \ 耳机 .aep"。

2 在时间轴面板中，选中【耳机 .jpg】图层，在【效果和预设】面板中展开【颜色校正】特效组，然后双击【色相 / 饱和度】特效。

3 将时间调整到 0:00:00:00 帧的位置，在【效果控件】面板中，将【主色相】的值更改为（0x-100.0°），单击【通道范围】左侧码表，在当前位置添加关键帧，如图 3.8 所示。

图 3.8

4 在时间轴面板中，选中【耳机 .jpg】图层，将时间调整到 0:00:02:24 帧的位置，将【主色相】的值更改为（0x-0.0°），系统将自动添加关键帧，如图 3.9 所示。

图 3.9

5 这样就完成了最终整体效果制作，按小键盘上的 0 键即可在合成窗口中预览动画。

3.3 鲜艳色彩表现力动效制作

 实例解析

本例主要讲解鲜艳色彩表现力动效制作，本例比较简单，只需选中图像并绘制 1 个矩形蒙版路径，同时制作出路径动画，即可完成整个效果制作，最终效果如图 3.10 所示。

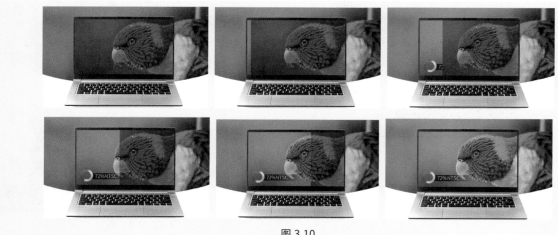

图 3.10

知识点

蒙版路径

视频讲解

操作步骤

1 打开工程文件"工程文件\第3章\电脑.aep"。

2 选中工具箱中的【矩形工具】■，选中【新的屏幕】图层，在图像左侧位置绘制1个矩形蒙版路径，效果如图3.11所示。

图 3.11

3 在时间轴面板中，选中【新的屏幕】图层，将时间调整到0:00:00:10帧的位置，展开【蒙版】|

【蒙版1】，单击【蒙版路径】左侧码表 ⑤，在当前位置添加关键帧，如图3.12所示。

图 3.12

4 将时间调整到0:00:03:00帧的位置，同时选中蒙版右上角及右下角的锚点并向右侧拖动，系统将自动添加关键帧，如图3.13所示。

图 3.13

图 3.13（续）

⑤ 这样就完成了最终整体效果制作，按小键盘上的 0 键即可在合成窗口中预览动画。

3.4　性能芯片电流特效制作

 实例解析

本例主要讲解性能芯片电流特效制作，本例比较简单，通过为图像添加漂亮的高级闪电效果控件制作出电流特效，最终效果如图 3.14 所示。

图 3.14

 知识点

高级闪电

视频讲解

▶ **操作步骤**

① 打开工程文件"工程文件 \ 第 3 章 \ 性能

手机芯片 .aep"。

② 执行菜单栏中的【图层】|【新建】|【纯

色】命令，在弹出的对话框中将【名称】更改为"电流"，将【颜色】更改为黑色，完成之后单击【确定】按钮。

③　在时间轴面板中，选中【电流】图层，在【效果和预设】面板中展开【生成】特效组，然后双击【高级闪电】特效。

④　在【效果控件】面板中，将【源点】的值更改为（350.0，530.0），将【方向】的值更改为（20.0，300.0），将【传导率状态】的值更改为0.0，将时间调整到0:00:00:00帧的位置，单击【传导率状态】左侧码表 ，在当前位置添加关键帧。

⑤　展开【核心设置】选项组，将【核心半径】的值更改为3.0，将【核心不透明度】的值更改为100.0%。

⑥　展开【发光设置】选项组，将【发光半径】的值更改为30.0，将【发光不透明度】更改为40.0%，将【发光颜色】更改为蓝色（R:0，G:234，B:255），将【Alpha障碍】的值更改为18.00，将【湍流】的值更改为2.00，将【分叉】的值更改为25.0%，将【衰减】的值更改为3.00，单击【衰减】左侧码表 ，在当前位置添加关键帧，如图3.15所示。

图 3.15

⑦　将时间调整到 0:00:02:24 帧的位置，将【传导率状态】的值更改为 2.0，将【衰减】的值更改为 0.30，系统将自动添加关键帧，如图 3.16 所示。

图 3.16

⑧　在时间轴面板中，选中【电流】图层，按 Ctrl+D 组合键复制出 3 个新图层，并分别选中复制的图层，在【效果控件】面板中调整【源点】和【方向】的值，结果如图 3.17 所示。

图 3.17

⑨　这样就完成了最终整体效果制作，按小键盘上的 0 键即可在合成窗口中预览动画。

3.5 彩色音效动画制作

 实例解析

本例主要讲解彩色音效动画制作，本例以表现彩色音效动画为重点，通过输入字符并为其添加摆动效果制作出漂亮的音波跳动效果，最终效果如图 3.18 所示。

图 3.18

视频讲解

知识点

蒙版
摆动

 操作步骤

3.5.1 输入字符并处理

 1 打开工程文件"工程文件\第 3 章\电视机 .aep"。

 2 选中工具箱中的【横排文字工具】 **T** ，在图像中输入大写字母 I（Arial 字体），如图 3.19 所示。

 为了方便对图层进行管理，可以将文字所在图层重命名为"文字"。
提示

 3 选中【文字】图层，在工具栏中选择【矩形工具】 ，在文字位置绘制一个蒙版，效果如图 3.20 所示。

图 3.19

图 3.20

3.5.2　添加动画效果

（1）在时间轴面板中，展开【文字】图层，单击【文本】右侧的按钮动画：◎，从菜单中选择【缩放】选项，单击【缩放】的【约束比例】图标🔗，取消约束，设置【缩放】的值为（100.0，50.0%）。

（2）单击【动画制作工具 1】右侧的添加按钮添加：◎，从菜单中选择【选择器】|【摆动】选项，展开【摆动选择器 1】，将【摇摆/秒】的值更改为 3.0，如图 3.21 所示。

图 3.21

（3）在时间轴面板中，选中【文字】图层，在【效果和预设】面板中展开【生成】特效组，然后双击【梯度渐变】特效。

（4）在【效果控件】面板中，设置【渐变起点】的值为（326.0，0.0），【起始颜色】为蓝色（R:0，G:216，B:255），【渐变终点】的值为（600.0，440.0），【结束颜色】为紫色（R:186，G:0，B:255），如图 3.22 所示。

（5）在时间轴面板中，选中【文字】图层，按 Ctrl+D 组合键复制出【文字 2】及【文字 3】两个新图层。

（6）在时间轴面板中，选中【文字】图层，

将其图层【模式】更改为【叠加】。

图 3.22

（7）选中【文字 2】图层，将其图层【不透明度】的值更改为 70%，选中【文字 3】图层，将其图层【不透明度】的值更改为 30%，如图 3.23 所示。

图 3.23

（8）这样就完成了最终整体效果制作，按小键盘上的 0 键即可在合成窗口中预览动画。

3.6　动感唇彩变色效果制作

 实例解析

本例主要讲解动感唇彩变色效果制作，唇彩动画以突出嘴唇部位的颜色变化为制作重点，同时与漂亮

的装饰动画图形相结合，整个变色效果十分自然，最终效果如图 3.24 所示。

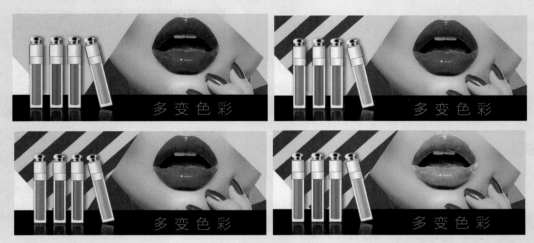

图 3.24

知识点

轨道蒙版
色相 / 饱和度

视频讲解

操作步骤

3.6.1　制作变色唇彩

（1）打开工程文件"工程文件 \ 第 3 章 \ 唇彩 .aep"。

（2）在时间轴面板中，选中【嘴唇】图层，在【效果和预设】面板中展开【颜色校正】特效组，然后双击【色相 / 饱和度】特效。

（3）在【效果控件】面板中，选中【彩色化】复选框，将【着色色相】的值更改为（0x+0.0°），将【着色饱和度】的值更改为 100，将时间调整到 0:00:00:00 帧的位置，单击【着色色相】左侧码表，在当前位置添加关键帧，如图 3.25 所示。

图 3.25

（4）将时间调整到 0:00:01:00 帧的位置，将【着色色相】的值更改为（0x+350.0°）。将时间

调整到 0:00:02:00 帧的位置,将【着色色相】的值
更改为（0x+0.0°）。将时间调整到 0:00:02:24 帧
的位置,将【着色色相】的值更改为（0x+350.0°）,
如图 3.26 所示。

图 3.26

3.6.2　打造滚动长条

① 执行菜单栏中的【合成】|【新建合成】
命令,打开【合成设置】对话框,设置【合成名
称】为"长条图形",【宽度】为 800,【高度】
为 500,【帧速率】为 25,并设置【持续时间】为
0:00:03:00,【背景颜色】为黑色,完成之后单击【确
定】按钮,如图 3.27 所示。

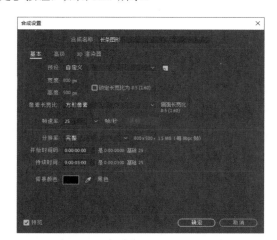

图 3.27

② 选中工具箱中的【矩形工具】■,绘制
1 个矩形,设置【填充】为红色（R:158,G:11,B:15）,
【描边】为无,将生成 1 个【形状图层 1】图层,
效果如图 3.28 所示。

图 3.28

③ 在时间轴面板中,单击按钮 添加: ●,在
弹出的菜单中选择【中继器】,展开【中继器 1】,
将【副本】的值更改为 20.0,如图 3.29 所示。

图 3.29

3.6.3　完成整体效果制作

① 选中【长条图形】合成,将其添加至【唇
彩】合成中并适当旋转,效果如图 3.30 所示。

② 在时间轴面板中,将时间调整到
0:00:00:10 帧的位置,选中【长条图形】合成,打开【位
置】属性,单击【位置】左侧码表 ●,在当前位置
添加关键帧。

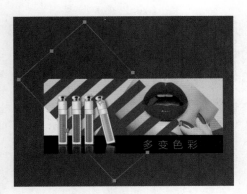

图 3.30

③ 在视图中将其向左上角移出画布，如图 3.31 所示。

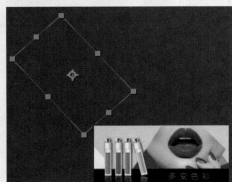

图 3.31

④ 在时间轴面板中，将时间调整到 0:00:02:24 帧的位置，将图形向右下角方向拖动，系统将自动添加关键帧，如图 3.32 所示。

⑤ 在时间轴面板中，选中【浅红图形】图层，按 Ctrl+D 组合键复制出 1 个【浅红图形 2】图层，并将其移至【长条图形】图层上方，如图 3.33 所示。

⑥ 在时间轴面板中，设置【长条图形】图层的【轨道遮罩】为【6. 浅红图形 2】，如图 3.34 所示。

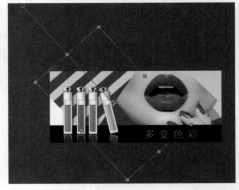

图 3.32

图 3.33

图 3.34

⑦ 这样就完成了最终整体效果制作，按小键盘上的 0 键即可在合成窗口中预览动画。

3.7 彩色水果广告动效制作

 实例解析

本例主要讲解彩色水果广告动效制作，本例中的动效在制作过程中主要用到不透明度、旋转、位置等效果控件，最终效果如图 3.35 所示。

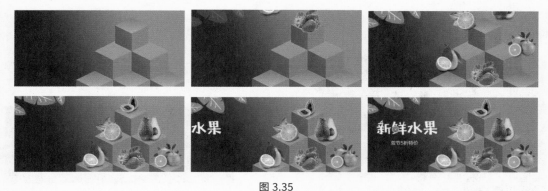

图 3.35

 知识点

不透明度
旋转
位置

 操作步骤

3.7.1 制作水果图像动画

① 打开工程文件"工程文件 \ 第 3 章 \ 水果动效 .aep"。

② 在时间轴面板中，选中【草莓】图层，在视图中将草莓图像向顶部方向拖动至画布之外区域，效果如图 3.36 所示。

③ 在时间轴面板中，选中【草莓】图层，

将时间调整到 0:00:00:00 帧的位置，打开【位置】属性，单击【位置】左侧码表 ，在当前位置添加关键帧，如图 3.37 所示。

图 3.36

图 3.37

04 将时间调整到 0:00:01:00 帧的位置，将草莓图像向下方拖动，系统将自动添加关键帧，制作出位置动画，如图 3.38 所示。

图 3.38

05 在时间轴面板中，选中【柠檬】图层，在视图中将柠檬图像向顶部方向拖动至画布之外区域，效果如图 3.39 所示。

图 3.39

06 在时间轴面板中，选中【柠檬】图层，将时间调整到 0:00:00:05 帧的位置，打开【位置】

属性，单击【位置】左侧码表 ，在当前位置添加关键帧，如图 3.40 所示。

图 3.40

07 将时间调整到 0:00:01:05 帧的位置，将柠檬图像向下方拖动，系统将自动添加关键帧，制作出位置动画，如图 3.41 所示。

图 3.41

08 以同样方法分别为其他几个水果图层制作位置动画，如图 3.42 所示。

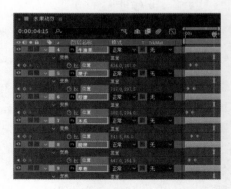

图 3.42

图 3.42（续）

3.7.2 制作文字动画

1 在时间轴面板中，同时选中【小西瓜】及【新鲜水果】图层，在视图中将其向左侧方向拖动至画布之外区域，效果如图 3.43 所示。

图 3.43

2 在时间轴面板中，同时选中【小西瓜】及【新鲜水果】图层，将时间调整到 0:00:02:00 帧的位置，打开【位置】属性，单击【位置】左侧码表，在当前位置添加关键帧，如图 3.44 所示。

图 3.44

3 将时间调整到 0:00:03:00 帧的位置，将小西瓜及新鲜水果图像向右侧拖动，系统将自动添加关键帧，制作出位置动画，如图 3.45 所示。

4 在时间轴面板中，选中【小西瓜】图层，打开【旋转】属性，按住 Alt 键并单击【旋转】左

侧码表，输入 time*100 表达式，如图 3.46 所示。

图 3.45

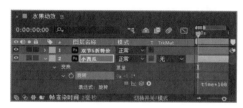

图 3.46

5 选中工具箱中的【矩形工具】，选中【双节 5 折特价】文字图层，在图像中文字下方位置绘制 1 个矩形蒙版，效果如图 3.47 所示。

图 3.47

6 在时间轴面板中，将时间调整到 0:00:02:20 帧的位置，选中【双节 5 折特价】图层，将其展开，单击【蒙版】|【蒙版 1】|【蒙版路径】左侧码表，在当前位置添加关键帧，如图 3.48 所示。

图 3.48

7 将时间调整到 0:00:03:10 帧的位置，同时选中蒙版左上角及右上角锚点并向顶部拖动，系统将自动添加关键帧，制作出动画效果，如图 3.49 所示。

图 3.49

3.7.3 添加透明度动画

1 在时间轴面板中，同时选中【叶】【叶 2】及【叶 3】图层，将时间调整到 0:00:00:00 帧的位置，打开 3 个图层的【不透明度】属性，单击其左侧码表◎，在当前位置添加关键帧，并将其数值更改为 0%，如图 3.50 所示。

2 将时间调整到 0:00:01:00 帧的位置，将 3 个图层的【不透明度】的值更改为 100%，系统将自动添加关键帧，如图 3.51 所示。

3 在时间轴面板中，选中【叶】图层，选中工具箱中的【向后平移（锚点）工具】 ，将图像中心点移至左侧边缘位置，效果如图 3.52 所示。

图 3.50

图 3.51

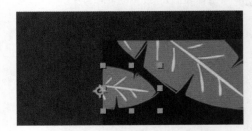

图 3.52

4 在时间轴面板中，选中【叶】图层，将时间调整到 0:00:01:00 帧的位置，打开【旋转】属性，单击【旋转】左侧码表◎，在当前位置添加关键帧。

5 将时间调整到 0:00:01:20 帧的位置，将【旋转】的值更改为（0x+20.0°）；将时间调整到 0:00:02:15 帧的位置，将【旋转】的值更改为（0 x-20.0°）；将时间调整到 0:00:03:10 帧的位置，将【旋转】的值更改为（0 x+20.0°）；将时间调整到 0:00:04:05 帧的位置，将【旋转】的值更改为（0 x-20.0°）；将时间调整到 0:00:04:24 帧的位置，将【旋转】的值更改为（0x+0.0°）；系统将自动添加关键帧，制作旋转动画效果，如图 3.53 所示。

图 3.53

6 在时间轴面板中，选中【叶 2】图层，选中工具箱中的【向后平移（锚点）工具】，将图像中心点移至顶部边缘位置。再选中【叶 3】图层，将图像中心点移至顶部边缘位置，如图 3.54 所示。

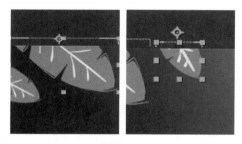

图 3.54

7 以同样方法分别为【叶 2】及【叶 3】图层制作旋转动画，如图 3.55 所示。

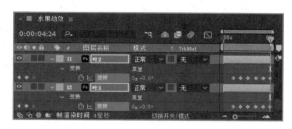

图 3.55

8 在时间轴面板中，分别选中【叶】【叶 2】及【叶 3】图层，在视图中适当移动图像，使图像旋转时更加自然，效果如图 3.56 所示。

图 3.56

9 这样就完成了最终整体效果制作，按小键盘上的 0 键即可在合成窗口中预览动画。

3.8 汽车主题色彩动画制作

 实例解析

本例主要讲解汽车主题色彩动画制作，本例通过添加汽车用品元素并为其制作运动动画效果完成整个动画制作，动画效果极具视觉冲击力，最终效果如图 3.57 所示。

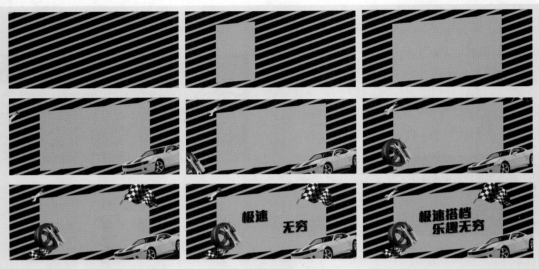

图 3.57

 知识点

中继器
位置
蒙版路径
投影

视频讲解

 操作步骤

3.8.1 打造动感条纹背景

1 打开工程文件"工程文件\第3章\汽车周边 .aep"。

2 执行菜单栏中的【合成】|【新建】|【纯色】命令，在弹出的对话框中将【名称】更改为"背景"，再将【颜色】更改为橙色（R:239，G:187，B:3），完成之后单击【确定】按钮，如图 3.58 所示。

3 选中工具箱中的【矩形工具】 ，在画布上方位置绘制 1 个细长矩形，设置矩形【填充】为黑色，【描边】为无，效果如图 3.59 所示。

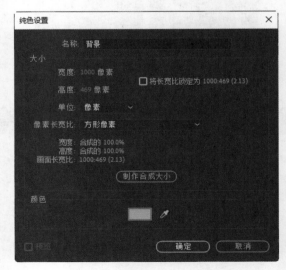

图 3.58

图 3.59

4 在时间轴面板中，选中【形状图层 1】图层，将其展开，单击按钮 添加: ◉，在弹出的菜单中选择【中继器】。

5 展开【中继器 1】，将【副本】的值更改为 100.0，展开【中继器 1】|【变换 : 中继器 1】选项，将【位置】的值更改为（0.0，50.0），如图 3.60 所示。

图 3.60

6 在时间轴面板中，选中【形状图层 1】图层，打开【旋转】属性，将【旋转】的值更改为（0x-20.0°），如图 3.61 所示。

7 在时间轴面板中，选中【形状图层 1】图层，将时间调整到 0:00:00:00 帧的位置，打开【位置】属性，单击【位置】左侧码表 ◉，在当前位置添加关键帧。将时间调整到 0:00:04:24 帧的位置，选中矩形，将其向右下角方向拖动，系统将自动添加关键帧，制作出位置动画，如图 3.62 所示。

图 3.61

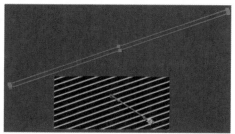

图 3.62

3.8.2 制作布告板动画

1 选中工具箱中的【矩形工具】 ▬，绘制 1 个矩形，设置矩形【填充】为橙色（R:239，G:187，B:3），【描边】为无，将生成 1 个【形状图层 2】图层，效果如图 3.63 所示。

图 3.63

2 在时间轴面板中，选中【形状图层2】图层，在【效果和预设】面板中展开【扭曲】特效组，然后双击【变换】特效。

3 在【效果控件】面板中，将【倾斜】的值更改为 -5.0，如图 3.64 所示。

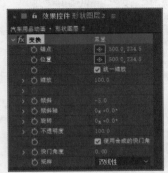

图 3.64

4 选中工具箱中的【向后平移（锚点）工具】，将【形状图层2】图层中图形的中心点移至图形左侧边缘中间位置，效果如图 3.65 所示。

图 3.65

5 在时间轴面板中，选中【形状图层2】图层，将时间调整到 0:00:00:00 帧的位置，打开【缩放】属性，单击【缩放】左侧码表，在当前位置添加关键帧，单击【约束比例】图标，取消约束比例，并将【缩放】的值更改为（0.0，100.0%），如图 3.66 所示。

6 将时间调整到 0:00:01:00 帧的位置，将【缩放】的值更改为（100.0，100.0%），系统将自动添加关键帧，制作缩放动画效果，如图 3.67 所示。

图 3.66

图 3.67

7 在【项目】面板中，选中【汽车/汽车周边.psd】素材，将其拖至时间轴面板中，并将其移至所有图层的上方。

8 在视图中将其向右上角方向拖动至画布之外区域，如图 3.68 所示。

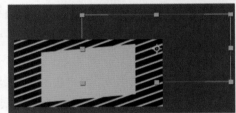

图 3.68

9 在时间轴面板中，选中【汽车/汽车周边.psd】图层，将时间调整到 0:00:01:00 帧的位置，打开【位置】属性，单击【位置】左侧码表 ，在当前位置添加关键帧。将时间调整到 0:00:01:10 帧的位置，将图像向左下角方向拖动，系统将自动添加关键帧，制作出位置动画，如图 3.69 所示。

图 3.70（续）

图 3.71

图 3.69

3.8.3 添加周边物品动画

1 在【项目】面板中，同时选中【扳手 / 汽车周边 .psd】【轮胎 / 汽车周边 .psd】【旗帜 / 汽车周边 .psd】及【旗帜 2/ 汽车周边 .psd】素材图像，将其拖至时间轴面板中，并在视图中将其放在适当位置，如图 3.70 所示。

2 在时间轴面板中，选中【扳手 / 汽车周边 .psd】图层，在视图中将其向左下角方向拖动至画布之外区域，如图 3.71 所示。

3 在时间轴面板中，选中【扳手 / 汽车周边 .psd】图层，将时间调整到 0:00:01:05 帧的位置，打开【位置】属性，单击【位置】左侧码表 ，在当前位置添加关键帧。将时间调整到 0:00:01:15 帧的位置，将图像向右上角方向拖动，系统将自动添加关键帧，制作出位置动画，如图 3.72 所示。

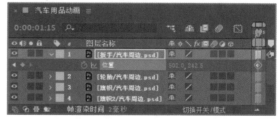

图 3.70

图 3.72

4 以同样的方法分别为添加的其他几个素材图像制作位置动画，如图 3.73 所示。

图 3.73

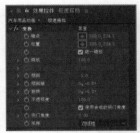

图 3.75

😊 提示 在为其他几个素材图像制作位置动画时需要注意，当前素材动画的起始帧应与前面素材动画的结束帧保留 5 个帧的间隔，这样可以使动画中运动的物体更富有层次感。

图 3.76

3.8.4 添加文字动画

1 选中工具箱中的【横排文字工具】T，在图像中输入 MStiffHei PRC 字体的文字，如图 3.74 所示。

图 3.74

2 在时间轴面板中，选中【极速搭档】文字图层，在【效果和预设】面板中展开【扭曲】特效组，然后双击【变换】特效。

3 在【效果控件】面板中，将【倾斜】的值更改为 -5.0，如图 3.75 所示。

4 以同样方法为【乐趣无穷】文字图层添加变换效果控件，并调整其倾斜度，如图 3.76 所示。

5 在时间轴面板中，选中【极速搭档】图层，在【效果和预设】面板中展开【透视】特效组，然后双击【投影】特效。

6 在【效果控件】面板中，将【不透明度】的值更改为 30%，如图 3.77 所示。

图 3.77

7 以同样方法为【乐趣无穷】图层添加投影效果，如图 3.78 所示。

图 3.78

8 选中工具箱中的【矩形工具】██，选中【极速搭档】图层，在文字左侧位置绘制1个矩形蒙版，效果如图3.79所示。

图3.79

9 在时间轴面板中，将时间调整到0:00:02:15帧的位置，将【极速搭档】图层展开，单击【蒙版路径】左侧码表██，在当前位置添加关键帧，如图3.80所示。

图3.80

10 将时间调整到0:00:04:00帧的位置，同时选中蒙版路径右上角及右下角锚点，将其向右侧拖动，系统将自动添加关键帧，如图3.81所示。

图3.81

11 选中工具箱中的【矩形工具】██，选中

【乐趣无穷】图层，在文字右侧位置绘制1个矩形蒙版，效果如图3.82所示。

图3.82

12 在时间轴面板中，将时间调整到0:00:02:15帧的位置，将【乐趣无穷】图层展开，单击【蒙版路径】左侧码表██，在当前位置添加关键帧，如图3.83所示。

图3.83

13 将时间调整到0:00:04:00帧的位置，同时选中蒙版路径左上角及左下角锚点，将其向左侧拖动，系统将自动添加关键帧，如图3.84所示。

图3.84

14 这样就完成了最终整体效果制作，按小键盘上的0键即可在合成窗口中预览动画。

HOT SUMMER
夏日狂欢

第4章
钜惠商品自然动效制作

内容摘要

本章主要讲解钜惠商品自然动效制作，自然动效制作也是电商动效制作中十分常见的一种动效类型，本章主要列举了降雪动效制作、自然光效制作、冰凉水珠动效制作、水波纹动效制作、火星飞溅动效制作、万花筒背景动效制作、飘浮动效制作、防水动效制作及宇宙背景动效制作等实例，通过对这些实例的学习，读者可以掌握大部分商品自然动效制作的方法。

教学目标

◉ 掌握降雪动效制作　　◉ 理解自然光效制作　　◉ 学习水波纹动效制作

◉ 学会火星飞溅动效制作　◉ 了解窗口风景动效制作　◉ 掌握自然蝴蝶飞舞效果制作

◉ 学会飘浮动效制作

4.1 降雪动效制作

实例解析

本例主要讲解降雪动效制作，本例的制作过程非常简单，通过为背景添加降雪效果控件并进行参数调整即可完成整个动画效果制作，最终效果如图 4.1 所示。

图 4.1

视频讲解

知识点

CC Snowfall（CC 下雪）

操作步骤

① 打开工程文件"工程文件 \ 第 4 章 \ 冬装促销图 .aep"。

② 在时间轴面板中，选中【背景】图层，在【效果和预设】面板中展开【模拟】特效组，然后双击【CC Snowfall（CC 下雪）】特效。

③ 在【效果控件】面板中，设置【Size（尺寸）】的值为 12.00，【Wind（风）】的值为 50.0，【Opacity（不透明度）】的值为 100.0，如图 4.2 所示。

④ 这样就完成了最终整体效果制作，按小键盘上的 0 键即可在合成窗口中预览动画。

图 4.2

95

4.2　自然光效制作

实例解析

　　本例主要讲解自然光效制作，通过新建纯色层并添加光效控件即可完成整体效果制作，最终效果如图 4.3 所示。

图 4.3

知识点

镜头光晕

视频讲解

操作步骤

　　① 打开工程文件"工程文件 \ 第 4 章 \ 满减 banner.aep"。

　　② 执行菜单栏中的【图层】|【新建】|【纯色】命令，在弹出的对话框中将【名称】更改为"光效"，将【颜色】更改为黑色，完成之后单击【确定】按钮。

　　③ 在时间轴面板中,选中【光效】图层,在【效果和预设】面板中展开【生成】特效组，然后双击【镜头光晕】特效。

　　④ 在【效果控件】面板中，将【光晕中心】的值更改为（0.0，0.0），将时间调整到 0:00:00:00 帧的位置，单击【光晕中心】左侧码表，在当前位置添加关键帧，并设置【镜头类型】为【50-300 毫米变焦】，如图 4.4 所示。

图 4.4

　　⑤ 将时间调整到 0:00:02:24 帧的位置，将【光晕中心】的值更改为（970.0，0.0）。

6 在时间轴面板中，选中【光效】图层，将其图层【模式】更改为【屏幕】，如图 4.5 所示。

图 4.5

图 4.5（续）

7 这样就完成了最终整体效果制作，按小键盘上的 0 键即可在合成窗口中预览动画。

4.3 冰凉水珠动效制作

 实例解析

本例主要讲解冰凉水珠动效制作，漂亮的水珠效果可以很好地为广告增添清凉的感觉，使整体效果更加真实，最终效果如图 4.6 所示。

图 4.6

 知识点

CC Mr. Mercury（CC 水银）

视频讲解

操作步骤

1 打开工程文件"工程文件\第 4 章\啤酒 banner.aep"。

2 选中【背景】图层，按 Ctrl+D 组合键复制出 1 个【背景 2】图层。

3 在时间轴面板中，选中【背景 2】图层，在【效果和预设】面板中展开【模拟】特效组，然后双击【CC Mr. Mercury（CC 水银）】特效。

4 在【效果控件】面板中，设置【Radius X（X 轴半径）】的值为 200.0，【Radius Y（Y 轴半径）】的值为 80.0，【Producer（发生器）】的值为（360.0，0.0），【Velocity（速度）】的值为 0.0，【Birth Rate（出生率）】的值为 2.0，【Longevity(sec)（寿命）】的值为 2.0，【Gravity（重力）】的值

为 0.1，【Resistance（抵抗）】的值为 0.00，设置
【Animation（动画）】为【Direction（方向）】，
【Influence Map（影响贴图）】为【Blob out（滴出）】，
【Blob Birth Size（水银滴出生尺寸）】的值为 0.15，
【Blob Death Size（水银滴死亡尺寸）】的值为 0.15，
如图 4.7 所示。

图 4.7（续）

5 在时间轴面板中将时间滑块向后调整，
即可观察到水滴效果，还可以根据实际效果再次调
整参数，如图 4.8 所示。

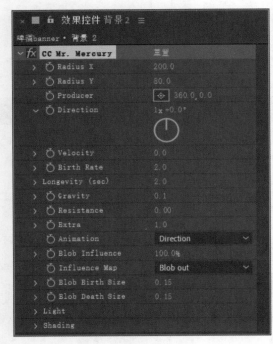

图 4.7

图 4.8

6 这样就完成了最终整体效果制作，按小
键盘上的 0 键即可在合成窗口中预览动画。

4.4 水波纹动效制作

 实例解析

本例主要讲解水波纹动效制作，本例比较简单，只需要添加效果控件并调整数值即可完成，最终效果
如图 4.9 所示。

图 4.9

知识点

波纹

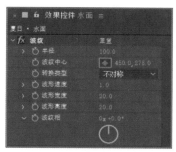

操作步骤

① 打开工程文件"工程文件 \ 第 4 章 \ 夏日 .aep"。

② 在时间轴面板中，选中【水面】图层，在【效果和预设】面板中展开【扭曲】特效组，然后双击【波纹】特效。

③ 在【效果控件】面板中，将【半径】的值更改为 100.0，如图 4.10 所示。

④ 这样就完成了最终整体效果制作，按小键盘上的 0 键即可在合成窗口中预览动画。

图 4.10

4.5　火星飞溅动效制作

实例解析

本例主要讲解火星飞溅动效制作，在制作过程中通过新建图层并添加效果控件制作出火星飞溅动效，从而完成整体效果制作，最终效果如图 4.11 所示。

图 4.11

知识点

CC Particle World（CC 粒子世界）

▶ **操作步骤**

① 打开工程文件"工程文件\第4章\烧烤.aep"。

② 执行菜单栏中的【图层】|【新建】|【纯色】命令，在弹出的对话框中将【名称】更改为"粒子"，将【颜色】更改为黑色，完成之后单击【确定】按钮。

③ 在时间轴面板中，选中【粒子】图层，在【效果和预设】面板中展开【模拟】特效组，然后双击【CC Particle World（CC 粒子世界）】特效。

④ 在【效果控件】面板中，修改【CC Particle World（CC 粒子世界）】特效的参数，将【Birth Rate（出生率）】的值更改为 0.5，将【Longevity (sec)（寿命）】的值更改为 3.00。

⑤ 展开【Producer（发生器）】选项组，将【Position X（位置 X）】的值更改为 −0.60，将【Position Y（位置 Y）】的值更改为 0.36，将【Radius X（X 轴半径）】的值更改为 1.000，将【Radius Y（Y 轴半径）】的值更改为 0.400，将【Radius Z（Z 轴半径）】的值更改为 1.000，如图 4.12 所示。

图 4.12

⑥ 展开【Physics（物理学）】选项组，将【Animation（动画）】更改为【Twirl（扭曲）】，将【Gravity（重力）】的值更改为 0.050，将【Extra（扩展）】的值更改为 1.20，将【Extra Angle（扩展角度）】的值更改为（0x+210.0°）。

⑦ 展开【Direction Axis（方向轴）】选项组，将【Axis X（X 轴）】的值更改为 0.130。

⑧ 展开【Gravity Vector（重力矢量）】选项组，将【Gravity X（重力 X）】的值更改为 0.130，将【Gravity Y（重力 Y）】的值更改为 0.000，如图 4.13 所示。

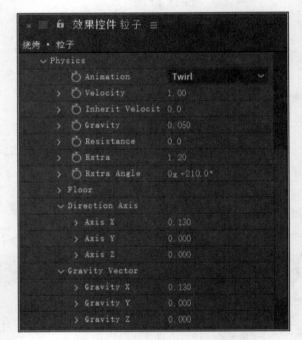

图 4.13

⑨ 展开【Particle（粒子）】选项组，将【Particle Type（粒子类型）】更改为【Faded Sphere（褪色球体）】，将【Birth Size（出生尺寸）】的值更改为 0.120，将【Death Size（死亡尺寸）】的值更改为 0.000，将【Size Variation（尺寸变化）】的值更改为 50.0%，将【Max Opacity（最大不透明度）】的值更改为 100.0%，如图 4.14 所示。

 提示 预览动画即可看到粒子动画效果。

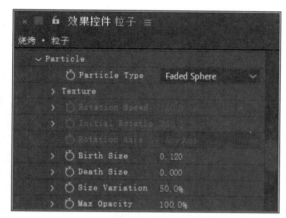

图 4.15

图 4.14

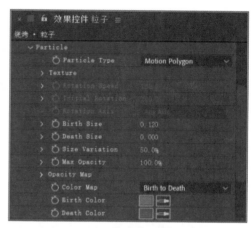

10 在时间轴面板中，选中【粒子】图层，按 Ctrl+D 组合键将图层复制 1 份，将复制的粒子图层【模式】更改为【相加】。在【效果控件】面板中将【Birth Rate（出生率）】的值更改为 1.0，将【Longevity (sec)（寿命）】的值更改为 5.00，如图 4.15 所示。

11 展开【Particle（粒子）】选项组，将【Particle Type（粒子类型）】更改为【Motion Polygon（运动多边形）】，将【Birth Color（出生颜色）】更改为红色（R:255，G:0，B:0），如图 4.16 所示。

图 4.16

12 这样就完成了最终整体效果制作，按小键盘上的 0 键即可在合成窗口中预览动画。

4.6　窗口风景动效制作

 实例解析

本例主要讲解窗口风景动效制作，本例比较简单，为添加的素材图像制作位置动画即可完成整个动效，最终效果如图 4.17 所示。

图 4.17

知识点

CC Snowfall（CC 下雪）
位置

操作步骤

1 打开工程文件"工程文件 \ 第 4 章 \ 雪景 .aep"。

2 在【项目】面板中，选中【雪景 .jpg】素材图像，将其拖至时间轴面板中，并放在【窗口 .png】图层下方，打开【缩放】属性，将其数值更改为（50.0，50.0%），如图 4.18 所示。

3 在时间轴面板中，选中【雪景 .jpg】图层，在【效果和预设】面板中，展开【模拟】特效组，然后双击【CC Snowfall（CC 下雪）】特效。

4 在【效果控件】面板中，将【Size（大小）】的值更改为 15.00，将【Opacity（透明度）】的值更改为 100.0，如图 4.19 所示。

图 4.19

图 4.18

图 4.19 （续）

5 在时间轴面板中，选中【雪景 .jpg】图层，在视图中将图像向右侧适当移动，如图 4.20 所示。

图 4.20

6 将时间调整到 0:00:00:00 帧的位置，打开【位置】属性，单击【位置】左侧码表 ，在当前

位置添加关键帧。将时间调整到 0:00:04:24 帧的位置，将图像向左侧平移，系统将自动添加关键帧，制作出位置动画，如图 4.21 所示。

图 4.21

7 这样就完成了最终整体效果制作，按小键盘上的 0 键即可在合成窗口中预览动画。

4.7 烟花动效制作

实例解析

本例主要讲解烟花动效制作，只需要为烟花素材图像添加放大动画即可完成整个动效制作，最终效果如图 4.22 所示。

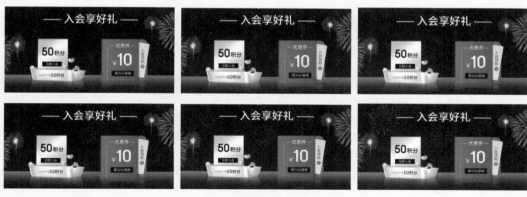

图 4.22

知识点

缩放

操作步骤

1 打开工程文件"工程文件\第 4 章\烟花 .aep"。

2 在时间轴面板中，选中【烟花】图层，将时间调整到 0:00:00:00 帧的位置，打开【缩放】属性，单击【缩放】左侧码表，在当前位置添加关键帧，并将【缩放】的值更改为（0.0, 0.0%）。

3 将时间调整到 0:00:02:00 帧的位置，将【缩放】的值更改为（100.0, 100.0%），系统将自动添加关键帧，制作缩放动画效果，如图 4.23 所示。

图 4.23

4 在时间轴面板中，选中【烟花 2】图层，将时间调整到 0:00:01:00 帧的位置，打开【缩放】属性，单击【缩放】左侧码表，在当前位置添加关键帧，并将【缩放】的值更改为（0.0, 0.0%）。

5 将时间调整到 0:00:03:00 帧的位置，将【缩放】的值更改为（100.0, 100.0%），系统将自动添加关键帧，制作缩放动画效果，如图 4.24 所示。

图 4.24

6 在时间轴面板中，选中【烟花 3】图层，将时间调整到 0:00:02:00 帧的位置，打开【缩放】属性，单击【缩放】左侧码表，在当前位置添加关键帧，并将【缩放】的值更改为（0.0, 0.0%）。

7 将时间调整到 0:00:04:00 帧的位置，将【缩放】的值更改为（100.0, 100.0%），系统将自动添加关键帧，制作缩放动画效果，如图 4.25 所示。

图 4.25

8 这样就完成了最终整体效果制作，按小键盘上的 0 键即可在合成窗口中预览动画。

4.8　万花筒背景动效制作

实例解析

本例主要讲解万花筒背景动效制作，只需要添加【CC Kaleida（万花筒）】效果即可完成整个动效制作，最终效果如图 4.26 所示。

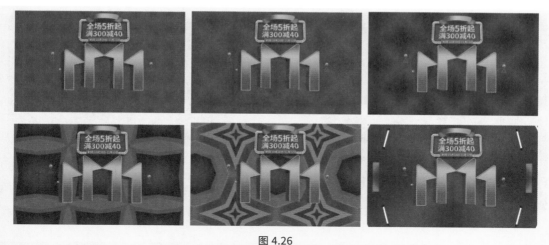

图 4.26

知识点

CC Kaleida（万花筒）

视频讲解

操作步骤

1️⃣ 打开工程文件"工程文件\第4章\红色广告.aep"。

2️⃣ 在时间轴面板中，将时间调整到 0:00:00:00 帧的位置，选中【背景】图层，在【效果和预设】面板中展开【风格化】特效组，然后双击【CC Kaleida（万花筒）】特效。

3️⃣ 在【效果控件】面板中，将【Size（大小）】的值更改为 10.0，分别单击【Size（大小）】及【Rotation（旋转）】左侧码表，在当前位置添加关键帧，如图 4.27 所示。

4️⃣ 将时间调整到 0:00:02:24 帧的位置，将【Size（大小）】的值更改为 40.0，将【Rotation（旋转）】的值更改为（0x+212.0%）；将时间调整到 0:00:04:00 帧的位置，将【Size（大小）】的值更改为 100.0，将【Rotation（旋转）】的值更改为（0x+110.0%），系统将自动添加关键帧，如图 4.28 所示。

图 4.27

图 4.28

图 4.28（续）

5 这样就完成了最终整体效果制作，按小键盘上的 0 键即可在合成窗口中预览动画。

4.9　装饰泡泡动效制作

　实例解析

本例主要讲解装饰泡泡动效制作，本例比较简单，只需要使用【CC Bubbles（CC 泡泡）】效果即可制作出漂亮的泡泡动效，最终效果如图 4.29 所示。

图 4.29

　知识点

CC Bubbles（CC 泡泡）

视频讲解

操作步骤

1 打开工程文件"工程文件\第4章\奶瓶广告.aep"。

2 在时间轴面板中，选中【奶瓶广告】图层，按Ctrl+D组合键复制出【奶瓶广告2】新图层，结果如图4.30所示。

图 4.30

3 在时间轴面板中，选中【奶瓶广告2】图层，在【效果和预设】面板中展开【模拟】特效组，然后双击【CC Bubbles（CC泡泡）】特效。

4 在【效果控件】面板中，将【Wobble Frequency（摇摆频率）】的值更改为2.0，将【Bubble

Size（泡泡尺寸）】的值更改为3.0，如图4.31所示。

图 4.31

5 这样就完成了最终整体效果制作，按小键盘上的0键即可在合成窗口中预览动画。

4.10　星光粒子特效制作

 实例解析

本例主要讲解星光粒子特效制作，在制作过程中利用CC粒子仿真系统模拟出星光动画效果，整个制作过程比较简单，最终效果如图4.32所示。

图 4.32

 知识点

CC Particle World（CC 粒子世界）

视频讲解

操作步骤

4.10.1　添加粒子效果

① 打开工程文件"工程文件 \ 第 4 章 \ 新品banner.aep"。

② 执行菜单栏中的【图层】|【新建】|【纯色】命令，在弹出的对话框中将【名称】更改为"星光"，将【颜色】更改为黑色，完成之后单击【确定】按钮。

③ 选中【星光】图层，在【效果和预设】面板中展开【模拟】特效组，双击【CC Particle Systems II（CC 粒子仿真系统 II）】特效。

④ 在【效果控件】面板中，设置【Birth Rate（出生率）】的值为 1.0，展开【Producer（发生器）】，设置【Radius X（X 轴半径）】的值为140.0，【Radius Y（Y 轴半径）】的值为 160.0，展开【Physics（物理学）】选项，设置【Velocity（速度）】的值为 0.0，【Gravity（重力）】的值为 0.0，如图 4.33 所示。

图 4.33

⑤ 展开【Particle（粒子）】选项卡，将【Max Opacity（最大不透明度）】的值更改为 100.0%，设置【Birth Color（出生颜色）】为青色（R:0, G:210, B:255），设置【Death Color（死亡颜色）】为白色，如图 4.34 所示。

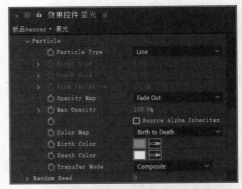

图 4.34

4.10.2　制作划动流星

① 选中工具箱中的【矩形工具】▇，绘制 1 个细长白色矩形，将生成 1 个【形状图层 1】图层，效果如图 4.35 所示。

图 4.35

②　在时间轴面板中，选中【形状图层 1】图层，在【效果和预设】面板中展开【过渡】特效组，然后双击【线性擦除】特效。

③　在【效果控件】面板中，将【过渡完成】的值更改为 20%，将【擦除角度】的值更改为（0x+90.0°），将【羽化】的值更改为 60.0，如图 4.36 所示。

图 4.36

④　在时间轴面板中，选中【形状图层 1】图层，单击右键，在弹出的菜单中选择【预合成】选项，将【新合成名称】更改为"流星"，完成之后单击【确定】按钮，如图 4.37 所示。

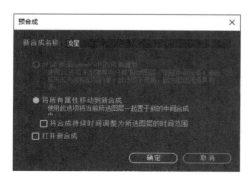

图 4.37

⑤　在时间轴面板中，选中【流星】图层，按 Ctrl+D 组合键复制出【流星 2】【流星 3】及【流星 4】3 个新图层，如图 4.38 所示。

⑥　在时间轴面板中，将时间调整到 0:00:00:00 帧的位置，选中【流星】图层，打开【位置】属性，单击【位置】左侧码表，在当前位置

添加关键帧。

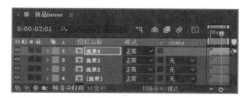

图 4.38

⑦　在图像中将流星适当旋转后向左上角方向适当移动，如图 4.39 所示。

图 4.39

⑧　将时间调整到 0:00:02:24 帧的位置，在图像中将流星向右下角方向拖动，系统将自动添加关键帧，如图 4.40 所示。

图 4.40

⑨　在时间轴面板中，选中【流星】图层，将其图层【模式】更改为【叠加】，如图 4.41 所示。

图 4.41

图 4.42

10 以同样方法分别为【流星 2】【流星 3】及【流星 4】图层制作动画效果，如图 4.42 所示。

11 这样就完成了最终整体效果制作，按小键盘上的 0 键即可在合成窗口中预览动画。

4.11 自然蝴蝶飞舞效果制作

 实例解析

　　本例主要讲解自然蝴蝶飞舞效果制作，本例通过分别为蝴蝶的两个翅膀添加缩放关键帧制作出挥动效果，同时制作云彩动画，使整个画面效果更加丰富、生动，最终效果如图 4.43 所示。

图 4.43

 知识点

定位点

视频讲解

操作步骤

4.11.1 制作蝴蝶飞舞动画

1 打开工程文件"工程文件\第 4 章\女王节 .aep"。

2 在时间轴面板中，选中【小翅膀】图层，然后选中工具箱中的【向后平移（锚点）工具】，将图像定位点移至翅膀右侧顶端位置，效果如图 4.44 所示。

图 4.44

3 在时间轴面板中，将时间调整到 0:00:00:00 帧的位置，选中【小翅膀】图层，打开【缩放】属性，单击【缩放】的【约束比例】图标，将其取消，再单击【缩放】左侧码表，在当前位置添加关键帧。

4 将时间调整到 0:00:00:12 帧的位置，将【缩放】的值更改为（40.0，100.0%），系统将自动添加关键帧，制作缩放动画效果，如图 4.45 所示。

图 4.45

5 将时间调整到 0:00:01:00 帧的位置，将【缩放】的值更改为（100.0，100.0%）；将时间调整到 0:00:01:12 帧的位置，将【缩放】的值更改为（40.0，100.0%）；将时间调整到 0:00:02:00

帧的位置，将【缩放】的值更改为（100.0，100.0%）；将时间调整到 0:00:02:12 帧的位置，将【缩放】的值更改为（40.0，100.0%）；将时间调整到 0:00:03:00 帧的位置，将【缩放】的值更改为（100.0，100.0%）；将时间调整到 0:00:03:12 帧的位置，将【缩放】的值更改为（40.0，100.0%）；将时间调整到 0:00:04:00 帧的位置，将【缩放】的值更改为（100.0，100.0%）；将时间调整到 0:00:04:12 帧的位置，将【缩放】的值更改为（40.0，100.0%）；将时间调整到 0:00:04:24 帧的位置，将【缩放】的值更改为（100.0，100.0%），系统将自动添加关键帧，制作缩放动画，如图 4.46 所示。

图 4.46

6 在时间轴面板中，将时间调整到 0:00:00:00 帧的位置，选中【大翅膀】图层，打开【缩放】属性，单击【缩放】的【约束比例】图标，将其取消，再单击【缩放】左侧码表，在当前位置添加关键帧，如图 4.47 所示。

图 4.47

7 将时间调整到 0:00:00:12 帧的位置，将【缩放】的值更改为（-10.0，100.0%）；将时间调整到 0:00:01:00 帧的位置，将【缩放】的值更改为（100.0，100.0%）；将时间调整到 0:00:01:12 帧的位置，将【缩放】的值更改为（-10.0，100.0%）；将时间调整到 0:00:02:00 帧的位置，将【缩放】的值更改为（100.0，100.0%）；将时间调整到 0:00:02:12 帧的位置，将【缩放】的值更改为（-10.0，

100.0%）；将时间调整到 0:00:03:00 帧的位置，将【缩放】的值更改为（100.0，100.0%）；将时间调整到 0:00:03:12 帧的位置，将【缩放】的值更改为（-10.0，100.0%）；将时间调整到 0:00:04:00 帧的位置，将【缩放】的值更改为（100.0，100.0%）；将时间调整到 0:00:04:12 帧的位置，将【缩放】的值更改为（-10.0，100.0%）；将时间调整到 0:00:04:24 帧的位置，将【缩放】的值更改为（100.0，100.0%），系统将自动添加关键帧，制作缩放动画效果，如图 4.48 所示。

图 4.48

4.11.2　打造飘动白云动画

1　在时间轴面板中，选中【左边的云】图层，在视图中将其向左侧平移至画布之外区域，将时间调整到 0:00:00:00 帧的位置，打开【位置】属性，单击【位置】左侧码表，在当前位置添加关键帧，如图 4.49 所示。

图 4.49

2　将时间调整到 0:00:04:00 帧的位置，将白云图像向右侧平移，系统将自动添加关键帧，制

作位置动画，如图 4.50 所示。

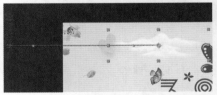

图 4.50

3　在时间轴面板中，选中【右边的云】图层，在视图中将其向右侧平移至画布之外区域，将时间调整到 0:00:01:00 帧的位置，打开【位置】属性，单击【位置】左侧码表，在当前位置添加关键帧，如图 4.51 所示。

图 4.51

4　将时间调整到 0:00:04:24 帧的位置，将白云图像向左侧平移，系统将自动添加关键帧，制作位置动画，如图 4.52 所示。

图 4.52

图 4.52（续）

5 这样就完成了最终整体效果制作，按小键盘上的 0 键即可在合成窗口中预览动画。

4.12 飘浮动效制作

实例解析

本例主要讲解飘浮动效制作，通过为手表添加表达式制作出自然浮动效果，最终效果如图 4.53 所示。

图 4.53

知识点

表达式
不透明度

视频讲解

操作步骤

4.12.1 制作飘浮动效

1 打开工程文件"工程文件\第4章\手表 .aep"。

2 在时间轴面板中，选中【手表】图层，

按住 Alt 键并单击【位置】左侧码表，输入 wiggle(1,20)，为当前图层添加表达式，如图 4.54 所示。

图 4.54

113

3 在时间轴面板中,选中【手表】图层,在【效果和预设】面板中展开【透视】特效组,然后双击【投影】特效。

4 在【效果控件】面板中,将【阴影颜色】更改为黑色,将【不透明度】的值更改为 20%,将【距离】的值更改为 20.0,如图 4.55 所示。

图 4.55

5 在【效果控件】面板中,按住 Alt 键并单击【方向】左侧码表，输入 wiggle(2,20)，为阴影方向添加表达式,如图 4.56 所示。

图 4.56

4.12.2 打造透明度文字

1 在时间轴面板中，将时间调整到 0:00:01:00 帧的位置,选中【永恒的回忆】图层,打开【不透明度】属性,将【不透明度】的值更改为 0%,单击【不透明度】左侧码表，如图 4.57 所示。

2 将时间调整到 0:00:02:00 帧的位置,选中【永恒的回忆】图层,将其【不透明度】的值更改为 100%,系统将自动添加关键帧,如图 4.58 所示。

图 4.57

图 4.58

3 选中【时间】图层,打开【不透明度】属性,将【不透明度】的值更改为 0%,单击【不透明度】左侧码表。

4 将时间调整到 0:00:03:00 帧的位置,选中【时间】图层,将其图层【不透明度】的值更改为 100%,系统将自动添加关键帧,如图 4.59 所示。

图 4.59

5 这样就完成了最终整体效果制作,按小键盘上的 0 键即可在合成窗口中预览动画。

4.13　防水动效制作

 实例解析

本例主要讲解防水动效制作，本例非常简单，直接为背景图像添加效果控件并对其进行数值调整即可完成效果制作，最终效果如图 4.60 所示。

图 4.60

知识点

CC Mr. Mercury（CC 水银）
CC Rainfall（CC 下雨）

视频讲解

 操作步骤

4.13.1　添加水珠效果

① 打开工程文件"工程文件\第 4 章\鞋子.aep"。

② 选中【鞋子.jpg】图层，按 Ctrl+D 组合键复制出 1 个【鞋子 2】图层。

③ 在时间轴面板中，选中上方【鞋子 2】图层，在【效果和预设】面板中展开【模拟】特效组，然后双击【CC Mr. Mercury（CC 水银）】特效。

④ 在【效果控件】面板中，修改【CC Mr. Mercury（CC 水银）】特效的参数，设置【Radius X（X 轴半径）】的值为 190.0，【Radius Y（Y 轴半径）】的值为 190.0，【Producer（发生器）】的值为（230.0，276.0），【Velocity（速度）】的值为 0.0，【Birth Rate（出生率）】的值为 2.0，【Longevity(sec)（寿命）】的值为 2.0，【Gravity（重力）】的值为 0.5，【Resistance（抵抗）】的值为 0.00，选择【Animation（动画）】为【Direction（方向）】，【Influence Map（影响贴图）】为【Blob out（滴出）】，【Blob Birth Size（水银滴出生尺寸）】的值为 0.10，【Blob Death Size（水银滴死亡尺寸）】的值为 0.20，如图 4.61 所示。

⑤ 选中工具箱中的【钢笔工具】，沿鞋子边缘绘制 1 个不规则路径，将部分图像隐藏，效果如图 4.62 所示。

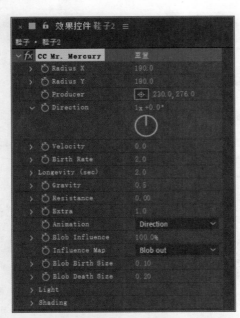

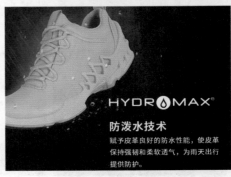

图 4.61

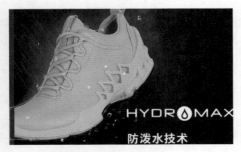

图 4.62

6 按 F 键打开【蒙版羽化】，将数值更改为（100.0，100.0），如图 4.63 所示。

图 4.63

4.13.2　打造下雨动画

1 在时间轴面板中，选中【鞋子 .jpg】图层，在【效果和预设】面板中展开【模拟】特效组，然后双击【CC Rainfall（CC 下雨）】特效。

2 在【效果控件】面板中，修改【CC Rainfall（CC 下雨）】特效的参数，设置【Speed（速度）】的值为 2000，【Wind（风）】的值为 1000.0，如图 4.64 所示。

图 4.64

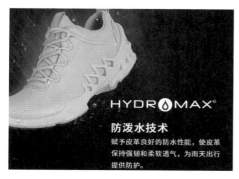

图 4.64（续）

3 这样就完成了最终整体效果制作，按小键盘上的 0 键即可在合成窗口中预览动画。

4.14　宇宙背景动效制作

 实例解析

　　本例主要讲解宇宙背景动效制作，通过添加漂亮的分形杂色效果控件制作出大气的宇宙背景效果，与鞋子搭配，其视觉效果非常出色，最终效果如图 4.65 所示。

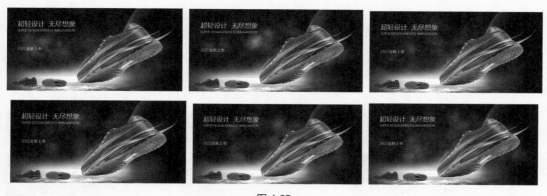

图 4.65

 知识点

分形杂色
曲线

视频讲解

操作步骤

4.14.1 制作宇宙动画

① 打开工程文件"工程文件\第4章\运动鞋.aep"。

② 执行菜单栏中的【图层】|【新建】|【纯色】命令，在弹出的对话框中将【名称】更改为"宇宙背景"，将【颜色】更改为黑色，完成之后单击【确定】按钮，并将图层移至【背景】图层上方，结果如图4.66所示。

图 4.66

③ 在时间轴面板中，选中【宇宙背景】图层，在【效果和预设】面板中展开【杂色和颗粒】特效组，然后双击【分形杂色】特效。

④ 在【效果控件】面板中，设置【分形类型】为【小凹凸】，【杂色类型】为【样条】，【对比度】的值为85.0，【亮度】的值为2.0，如图4.67所示。

图 4.67

⑤ 展开【变换】，设置【旋转】的值为（0x+35.0°），【缩放】的值为80.0，【偏移（湍流）】的值为（360.0，600.0），将时间调整到0:00:00:00帧的位置，并单击【偏移（湍流）】左侧码表 ，在当前位置添加关键帧，如图4.68所示。

图 4.68

⑥ 在时间轴面板中，选中【背景】图层，将时间调整到0:00:04:24帧的位置，将【偏移（湍流）】的值更改为（360.0，200.0），系统将自动添加关键帧，如图4.69所示。

图 4.69

⑦ 按住Alt键并单击【演化】左侧码表 ，输入time*50，为当前图层添加表达式，如图4.70所示。

图 4.70

8 在时间轴面板中，选中【宇宙背景】图层，在【效果和预设】面板中展开【模糊和锐化】特效组，然后双击【高斯模糊】特效。

9 在【效果控件】面板中，修改【高斯模糊】特效的参数，设置【模糊度】的值为10.0，选中【重复边缘像素】复选框，如图4.71所示。

图 4.71

4.14.2 调整动画细节

1 选中工具箱中的【椭圆工具】，选中【宇宙背景】图层，绘制1个椭圆蒙版路径，效果如图4.72所示。

图 4.72

2 在时间轴面板中，按F键打开【蒙版羽化】，将数值更改为（150.0，150.0），如图4.73所示。

图 4.73

4.14.3 对动画进行调色

1 在时间轴面板中，选中【宇宙背景】图层，在【效果和预设】面板中展开【颜色校正】特效组，然后双击【曲线】特效。

2 在【效果控件】面板中，修改【曲线】特效的参数，在直方图中选择【通道】为【红色】，调整曲线，如图4.74所示。

图 4.74

3 选择【通道】为【绿色】，调整曲线，如图4.75所示。

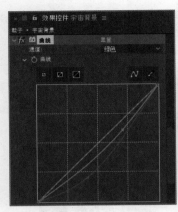

图 4.75

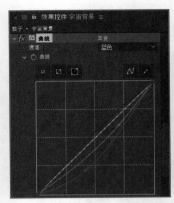

图 4.76

4 选择【通道】为蓝色，调整曲线，如图 4.76 所示。

5 这样就完成了最终整体效果制作，按小键盘上的 0 键即可在合成窗口中预览动画。

第 5 章

促销季进度动效制作

内容摘要

本章主要讲解促销季进度动效制作，内容以产品促销为主，整个动效的制作过程比较简单，其中列举了产品转动进度动效制作、狂欢时钟动效制作、数字倒计时动效制作、降价进度动效制作、活动日程动效制作及促销进度动效制作等实例，通过对这些实例的学习，读者可以掌握促销季进度动效的制作方法。

教学目标

◉ 掌握产品转动进度动效制作　　　　◉ 理解狂欢时钟动效制作

◉ 学习数字倒计时动效制作　　　　　◉ 学会降价进度动效制作

◉ 了解活动日程动效制作　　　　　　◉ 掌握促销进度动效制作

5.1 产品转动进度动效制作

 实例解析

本例主要讲解产品转动进度特效制作，在制作过程中只需要用到旋转动画关键帧即可完成整个效果制作，最终效果如图5.1所示。

图 5.1

 知识点

旋转动画关键帧

视频讲解

 操作步骤

1 打开工程文件"工程文件＼第5章＼洗衣机广告 .aep"。

2 在时间轴面板中，选中【洗衣机】图层，将时间调整到 0:00:00:10 帧的位置，打开【旋转】属性，单击【旋转】左侧码表 ◯，在当前位置添加关键帧，如图5.2所示。

3 将时间调整到 0:00:04:24 帧的位置，将【旋转】的值更改为（10x+0.0°），系统将自动添加关键帧，如图5.3所示。

图 5.2

4 选中【洗衣机】图层，单击【运动模糊】图标，将当前图层中的运动模糊效果打开。

图 5.3

为当前图层打开运动模糊开关之后需要单击时间轴面板中的【为设置了"运动模糊"开关的所有图层启用运动模糊】图标，将运动模糊激活。

⑤ 这样就完成了最终整体效果制作，按小键盘上的 0 键即可在合成窗口中预览动画。

5.2　狂欢时钟动效制作

 实例解析

本例主要讲解狂欢时钟动效制作，本例比较简单，分别为时针及分针添加旋转动画即可完成效果制作，最终效果如图 5.4 所示。

图 5.4

 知识点

向后平移（锚点）工具
旋转

视频讲解

操作步骤

1 打开工程文件"工程文件 \ 第 5 章 \ 倒计时 .aep"。

2 在时间轴面板中，选中【时针】图层，选中工具箱中的【向后平移（锚点）工具】 ，将图像中的锚点移至黑色圆形中心位置，效果如图 5.5 所示。

图 5.5

3 在时间轴面板中，选中【时针】图层，将时间调整到 0:00:00:00 帧的位置，打开【旋转】属性，单击【旋转】左侧码表 ，在当前位置添加关键帧。

4 将时间调整到 0:00:04:24 帧的位置，将【旋转】的值更改为（1x+0.0°），系统将自动添加关键帧，制作旋转动画效果，如图 5.6 所示。

图 5.6

5 在时间轴面板中，选中【分针】图层，选中工具箱中的【向后平移（锚点）工具】 ，以同样方法更改图像锚点，并为其制作旋转动画，如图 5.7 所示。

图 5.7

 技巧　根据"分针比时针转速快"的原理，在为分针制作旋转动画时，在 0:00:04:24 帧的位置，应将【旋转】的值更改为（2x+0.0°）。

6 这样就完成了最终整体效果制作，按小键盘上的 0 键即可在合成窗口中预览动画。

5.3　数字倒计时动效制作

实例解析

本例主要讲解数字倒计时动效制作，整个制作过程比较简单，最终效果如图 5.8 所示。

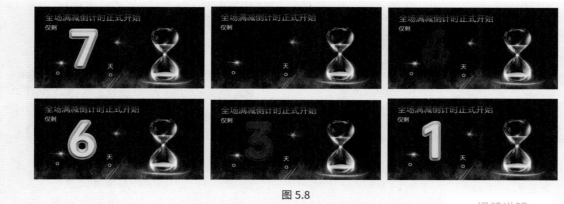

图 5.8

知识点

不透明度

操作步骤

1 打开工程文件"工程文件 \ 第 5 章 \ 满减倒计时 .aep"。

2 为了方便观察动画制作效果，在时间轴面板中，同时选中【7】和【背景】图层，将其他图层隐藏，如图 5.9 所示。

图 5.9

3 在时间轴面板中，选中【7】图层，将时间调整到 0:00:00:10 帧的位置，打开【不透明度】属性，单击其左侧码表，在当前位置添加关键帧。将时间调整到 0:00:00:20 帧的位置，将【不透明度】的值更改为 0%，系统将自动添加关键帧，如图 5.10 所示。

图 5.10

4 在时间轴面板中，选中【6】图层，将时间调整到 0:00:00:20 帧的位置，打开【不透明度】属性，单击其左侧码表，在当前位置添加关键帧，并将其数值更改为 0%；将时间调整到 0:00:01:05 帧的位置，将【不透明度】的值更改为 100%；将时间调整到 0:00:01:15 帧的位置，将【不透明度】的值更改为 0%，系统将自动添加关键帧，如图 5.11 所示。

图 5.11

5 以同样方法分别为【5】【4】【3】【2】

图层制作不透明度动画，如图 5.12 所示。

图 5.12

并将其数值更改为 0%；将时间调整到 0:00:05:05 帧的位置，将【不透明度】的值更改为 100%，为最后一个数字图层制作动画，如图 5.13 所示。

图 5.13

6 在时间轴面板中，选中【1】图层，将时间调整到 0:00:04:20 帧的位置，打开【不透明度】属性，单击其左侧码表，在当前位置添加关键帧，

7 这样就完成了最终整体效果制作，按小键盘上的 0 键即可在合成窗口中预览动画。

5.4 降价进度动效制作

 实例解析

本例主要讲解降价进度动效制作，本例的制作重点是为图形制作动画，最终效果如图 5.14 所示。

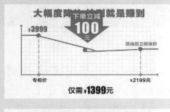 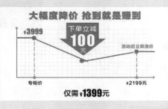 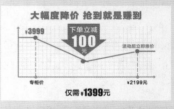

图 5.14

 知识点

旋转
位置

视频讲解

操作步骤

5.4.1 打造线条动画

1 打开工程文件"工程文件 \ 第 5 章 \ 降价广告 .aep"。

2 在时间轴面板中，选中【箭头】图层，将其暂时隐藏，如图 5.15 所示。

图 5.15

3 在时间轴面板中，选中【图形 2】图层，选中工具箱中的【向后平移（锚点）工具】，在视图中将图像中心定位点移至图形左侧顶端位置，效果如图 5.16 所示。

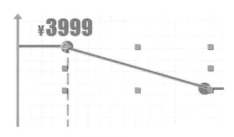

图 5.16

4 在时间轴面板中，选中【图形 2】图层，将时间调整到 0:00:00:05 帧的位置，打开【旋转】属性，单击【旋转】左侧码表，在当前位置添加关键帧。

5 将时间调整到 0:00:01:00 帧的位置，将【旋转】的值更改为（0x+20.0°），系统将自动添加关键帧，制作旋转动画效果，如图 5.17 所示。

6 在时间轴面板中，选中【图形】图层，选中工具箱中的【向后平移（锚点）工具】，

在视图中将图像中心定位点移至图形右侧顶端位置。

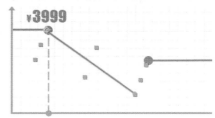

图 5.17

7 以同样方法为图形制作旋转动画，结果如图 5.18 所示。

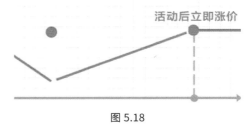

图 5.18

8 在时间轴面板中，选中【圆】图层，在视图中将其适当移动，如图 5.19 所示。

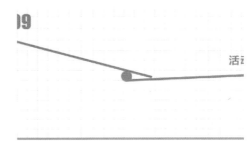

图 5.19

9 在时间轴面板中，选中【圆】图层，将时间调整到0:00:00:05帧的位置，打开【位置】属性，单击【位置】左侧码表 ◎，在当前位置添加关键帧，如图5.20所示。

图 5.20

10 将时间调整到 0:00:01:00 帧的位置，将圆形向下拖动，系统将自动添加关键帧，制作出位置动画，如图 5.21 所示。

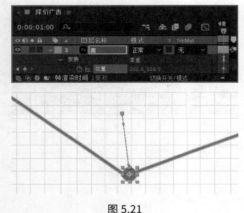

图 5.21

5.4.2　制作箭头动画

1 在时间轴面板中，选中【箭头】图层，将其显示出来，再将时间调整到 0:00:00:05 帧的位置，打开【位置】属性，单击【位置】左侧码表 ◎，在当前位置添加关键帧，如图 5.22 所示。

2 将时间调整到 0:00:01:00 帧的位置，将图像向下拖动，系统将自动添加关键帧，制作出位置动画，如图 5.23 所示。

图 5.22

图 5.23

3 在时间轴面板中，选中【箭头】图层，将时间调整到0:00:00:00帧的位置，打开【不透明度】属性，单击其左侧码表 ◎，在当前位置添加关键帧，并将其数值更改为 0%。

4 将时间调整到 0:00:00:05 帧的位置，将【不透明度】的值更改为 100%，系统将自动添加关键帧，如图 5.24 所示，制作出不透明度动画效果。

图 5.24

5 这样就完成了最终整体效果制作，按小键盘上的 0 键即可在合成窗口中预览动画。

5.5 活动日程动效制作

 实例解析

本例主要讲解活动日程动效制作，主要用到蒙版路径以及缩放等动画效果，最终效果如图 5.25 所示。

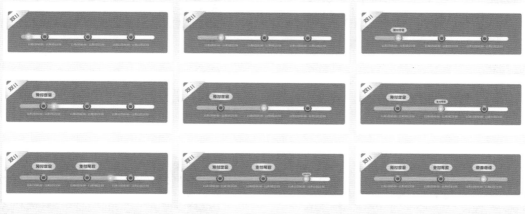

图 5.25

 知识点

蒙版路径
缩放
位置

视频讲解

 操作步骤

5.5.1 制作进度条动画

1 打开工程文件"工程文件\第 5 章\双十一活动 .aep"。

2 将时间调整到 0:00:00:00 帧的位置，在时间轴面板中，选中【黄色进度条】图层，将其展开，单击【蒙版】|【蒙版 1】|【蒙版路径】左侧码表 ，在当前位置添加关键帧，如图 5.26 所示。

图 5.26

3 将时间调整到 0:00:00:20 帧的位置，同时选中图形右上角及右下角锚点并向右侧拖动，系统将自动添加关键帧，制作出动画效果，如图 5.27 所示。

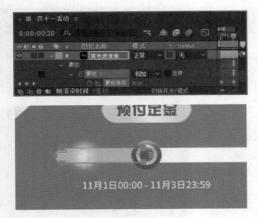

图 5.27

4 将时间调整到 0:00:01:20 帧的位置，单击【在当前时间添加或移除关键帧】按钮■，在当前位置添加 1 个延时帧，如图 5.28 所示。

图 5.28

5 将时间调整到 0:00:02:15 帧的位置，同时选中图形右上角及右下角锚点并向右侧拖动，系统将自动添加关键帧，制作出动画效果，如图 5.29 所示。

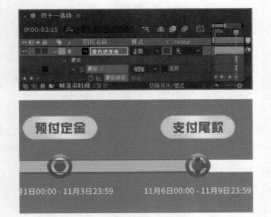

图 5.29

6 将时间调整到 0:00:03:15 帧的位置，单击【在当前时间添加或移除关键帧】按钮■，在当前位置添加 1 个延时帧，如图 5.30 所示。

图 5.30

7 将时间调整到 0:00:04:10 帧的位置，同时选中图形右上角及右下角锚点并向右侧拖动，系统将自动添加关键帧，制作出动画效果，如图 5.31 所示。

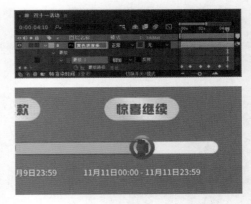

图 5.31

8 将时间调整到 0:00:05:10 帧的位置，单击【在当前时间添加或移除关键帧】按钮■，在当前位置添加 1 个延时帧，如图 5.32 所示。

图 5.32

9 将时间调整到 0:00:06:05 帧的位置，同时选中图形右上角及右下角锚点并向右侧拖动，系统将自动添加关键帧，制作出动画效果，如图 5.33 所示。

图 5.33

5.5.2 打造光圈位置动画

1 在时间轴面板中，选中【光圈】图层，将时间调整到 0:00:00:00 帧的位置，打开【位置】属性，单击【位置】左侧码表◎，在当前位置添加关键帧，如图 5.34 所示。

图 5.34

2 将时间调整到 0:00:00:20 帧的位置，将光圈图像向右侧稍微平移，系统将自动添加关键帧，制作出位置动画，如图 5.35 所示。

图 5.35

3 将时间调整到 0:00:01:20 帧的位置，单击【在当前时间添加或移除关键帧】按钮◎，在当前位置添加 1 个延时帧，如图 5.36 所示。

图 5.36

4 以同样方法分别在 0:00:02:15 帧的位置、0:00:04:10 帧的位置制作位置动画。分别在 0:00:03:15 帧的位置、0:00:05:10 帧的位置添加延时帧，如图 5.37 所示。

图 5.37

技巧 在为【光圈】图层制作位置动画时可对应参考【黄色进度条】图层中的动画关键帧。

5 在时间轴面板中，将时间调整到 0:00:00:20 帧的位置，选中【预付定金】文字图层，分别打开【位置】及【缩放】属性，将图像向下移至光圈图像位置，并将【缩放】的值更改为（0.0, 0.0%），再分别单击它们左侧码表◎，在当前位置添加关键帧，如图 5.38 所示。

6 将时间调整到 0:00:01:05 帧的位置，将【缩放】的值更改为（100.0，100.0%），再将"预付定金"图像向上方拖动，系统将自动添加关键帧，如图 5.39 所示。

图 5.38

图 5.39（续）

7 以同样方法分别为【支付尾款】及【惊喜继续 / 双十一活动】两个文字图层制作位置及缩放动画，如图 5.40 所示。

图 5.40

8 这样就完成了最终整体效果制作，按小键盘上的 0 键即可在合成窗口中预览动画。

图 5.39

5.6　促销进度动效制作

实例解析

本例主要讲解促销进度动效制作，本例的制作重点是利用蒙版制作进度动画，最终效果如图 5.41 所示。

图 5.41

图 5.41（续）

知识点

矩形工具
轨道遮罩

视频讲解

操作步骤

5.6.1 制作进度动画

① 打开工程文件"工程文件 \ 第 5 章 \ 促销进度 .aep"。

② 选中工具箱中的【矩形工具】■，选中【进度条】图层，绘制 1 个蒙版路径，效果如图 5.42 所示。

图 5.42

③ 在时间轴面板中，将时间调整到 0:00:00:00 帧的位置，选中【进度条】图层，将其展开，单击【蒙版路径】左侧码表🕐，在当前位置添加关键帧，如图 5.43 所示。

④ 将时间调整到 0:00:02:24 帧的位置，同时选中蒙版路径右侧两个锚点并向右侧拖动，系统将自动添加关键帧，效果如图 5.44 所示。

图 5.43

图 5.44

5.6.2 打造滚动长条

① 执行菜单栏中的【合成】|【新建合成】命令，打开【合成设置】对话框，设置【合成名称】为"滚动条"，【宽度】为 800，【高度】为 500，【帧速率】为 25，并设置【持续时间】为 0:00:03:00，【背景颜色】为黑色，完成之后单击【确定】按钮，如图 5.45 所示。

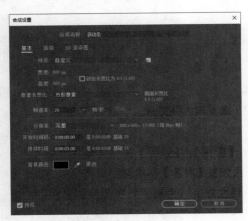

图 5.45

图 5.47（续）

5.6.3　完成整体效果制作

1 选中【滚动条】合成，将其添加至【促销进度】合成中并适当旋转，如图 5.48 所示。

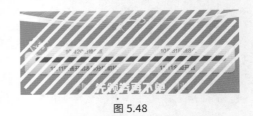

图 5.48

2 选中工具箱中的【矩形工具】■，绘制 1 个矩形，设置【填充】为白色，【描边】为无，将生成 1 个【形状图层 1】图层，效果如图 5.46 所示。

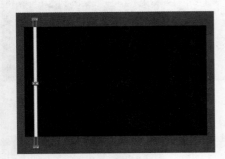

图 5.46

3 在时间轴面板中，单击 添加：● 按钮，在弹出的菜单中选择【中继器】，展开【中继器 1】，将【副本】的值更改为 30.0。

4 展开【变换：中继器 1】，将【位置】的值更改为（40.0, 0.0），如图 5.47 所示。

> 技巧　将滚动条图形添加至当前合成并旋转后可适当增加图形高度，使其完全覆盖下方滚动区域。

2 在时间轴面板中，选中【进度条】图层，将其图层【模式】更改为【叠加】，再将其图层【不透明度】的值更改为 50%，如图 5.49 所示。

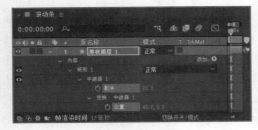

图 5.47

图 5.49

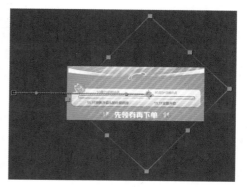

图 5.51（续）

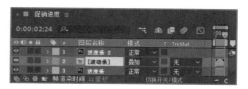

图 5.52

技巧 将时间调整至最后一帧是为了更好地观察滚动条在图像上的效果。

3 在时间轴面板中，将时间调整到 0:00:00:00 帧的位置，选中【滚动条】图层，打开【位置】属性，单击【位置】左侧码表，在当前位置添加关键帧，在视图中将滚动条向左侧平移出画布，如图 5.50 所示。

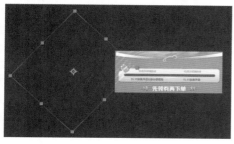

图 5.50

4 在时间轴面板中，将时间调整到 0:00:02:24 帧的位置，将图形向右侧拖动，系统将自动添加关键帧，如图 5.51 所示。

5 在时间轴面板中，选中【进度条】图层，按 Ctrl+D 组合键复制出 1 个【进度条 2】图层，并将其移至【滚动条】图层上方，如图 5.52 所示。

图 5.51

6 在时间轴面板中，设置【滚动条】图层的【轨道遮罩】为【1. 进度条 2】，这样就完成了效果制作，如图 5.53 所示。

图 5.53

7 这样就完成了最终整体效果制作，按小键盘上的 0 键即可在合成窗口中预览动画。

第6章

艺术化修饰字体动画制作

内容摘要

　　本章主要讲解艺术化修饰字体动画制作。艺术化字体动画在电商广告中十分常见，具有生动的视觉效果。本章在制作过程中列举了背景文字动画制作、扫光文字动效制作、重叠字动画制作、神秘过渡字动效制作、艺术化弹簧字效果制作、精致炫彩字动效制作、旋转主题字制作、镂空艺术字动效制作、碰撞文字动效制作、闪光颗粒字动效制作、金属粒子文字动效制作、输入文字动效制作、清新字动效制作、炫彩文字动效制作、翻转字母动效制作、粒子聚字动效制作、炫光破碎字动效制作、酷黑文字动效制作等实例，通过对这些实例的学习，读者可以掌握艺术化修饰字体动画制作的方法。

教学目标

◉ 掌握背景文字动画制作　　　　◉ 理解重叠字动画制作　　　　◉ 学习艺术化弹簧字效果制作

◉ 学会旋转主题字制作　　　　　◉ 了解闪光颗粒字动效制作　　◉ 掌握清新字动效制作

◉ 学会炫光破碎字动效制作

6.1 背景文字动画制作

实例解析

本例主要讲解女装背景文字动画制作，本例比较简单，为文字制作出位置动画即可完成整体动画效果制作，最终效果如图 6.1 所示。

图 6.1

视频讲解

知识点

位置

操作步骤

1　打开工程文件"工程文件 \ 第 6 章 \ 女装背景 .aep"。

2　选中【上】图层，在视图中将其向右侧平移至画布之外区域，选中【中】图层，将其向左侧平移至画布之外区域，选中【下】图层，将其向右侧平移至画布之外区域，效果如图 6.2 所示。

图 6.2

3　在时间轴面板中，将时间调整到 0:00:00:00 帧的位置，选中【上】图层，单击【位置】左侧码表，在当前位置添加关键帧。

4　将时间调整到 0:00:02:24 帧的位置，向左侧拖动文字，系统将自动添加关键帧，制作出位置动画，如图 6.3 所示。

图 6.3

5　在时间轴面板中，将时间调整到 0:00:00:00 帧的位置，选中【中】图层，单击【位置】左侧码表，在当前位置添加关键帧。

6 将时间调整到 0:00:02:24 帧的位置，向右侧拖动文字，系统将自动添加关键帧，制作出位置动画，如图 6.4 所示。

图 6.4

7 在时间轴面板中，将时间调整到 0:00:00:00 帧的位置，选中【下】图层，单击【位置】左侧码表 ，在当前位置添加关键帧。

8 将时间调整到 0:00:02:24 帧的位置，向左侧拖动文字，系统将自动添加关键帧，制作出位置动画，如图 6.5 所示。

图 6.5

9 这样就完成了最终整体效果制作，按小键盘上的 0 键即可在合成窗口中预览动画。

6.2 扫光文字动效制作

 实例解析

本例主要讲解轮播图扫光文字动效制作，在制作过程中通过新建纯色层并绘制蒙版，制作出高光效果，再为高光图像制作出位置动画，从而完成整体效果制作，最终效果如图 6.6 所示。

图 6.6

知识点

蒙版
轨道遮罩

 操作步骤

1️⃣ 打开工程文件"工程文件 \ 第 6 章 \ 轮播图 .aep"。

2️⃣ 执行菜单栏中的【图层】|【新建】|【纯色】命令，在弹出的对话框中将【名称】更改为"高光"，将【颜色】更改为白色，完成之后单击【确定】按钮。

3️⃣ 选中工具箱中的【钢笔工具】，选中【高光】图层，在图像中绘制 1 个蒙版路径，效果如图 6.7 所示。

图 6.7

😊 技巧　在绘制蒙版路径时，在选中【高光】图层的状态下才能绘制，否则将会生成新的形状图层。

4️⃣ 在时间轴面板中，选中【高光】图层，按 F 键打开【蒙版羽化】，将其数值更改为（40.0，40.0）。

5️⃣ 在图像中将高光图像向左侧平移，如图 6.8 所示。

图 6.8

6️⃣ 在时间轴面板中，将时间调整到 0:00:00:00 帧的位置，选中【高光】图层，打开【位置】属性，单击【位置】左侧码表，在当前位置添加关键帧。

7️⃣ 将时间调整到 0:00:04:24 帧的位置，在视图中将高光图像向右侧平移，系统将自动添加关键帧，制作位置动画，如图 6.9 所示。

图 6.9

8 在时间轴面板中，选中【文字】图层，按 Ctrl+D 组合键复制出 1 个【文字 2】图层，将【文字 2】图层移至【高光】图层上方。

9 选中【高光】图层，将其图层【轨道遮罩】更改为【1. 文字 2】，如图 6.10 所示。

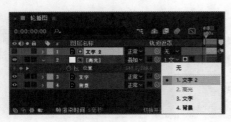

图 6.10

图 6.11

10 在时间轴面板中，选中【高光】图层，将其图层【模式】更改为【叠加】，如图 6.11 所示。

11 这样就完成了最终整体效果制作，按小键盘上的 0 键即可在合成窗口中预览动画。

6.3 重叠字动画制作

 实例解析

本例主要讲解促销重叠字动画制作，主要是通过输入文字并为文字制作出位置动画来完成文字动画效果，最终效果如图 6.12 所示。

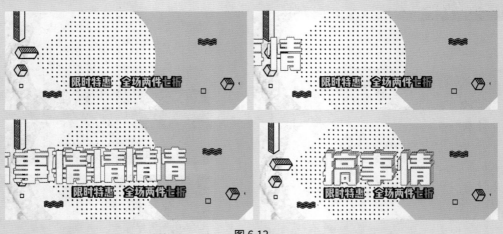

图 6.12

知识点

描边
位置

操作步骤

1 打开工程文件"工程文件 \ 第 6 章 \ 促销重叠字 .aep"。

2 选中工具箱中的【横排文字工具】T，在图像中输入 MStiffHei PRC 字体的文字，如图 6.13 所示。

图 6.13

3 在时间轴面板中，选中文字，单击右键，在弹出的菜单中选择【图层样式】|【描边】选项。

4 展开【图层样式】|【描边】，将【颜色】更改为黑色，将【大小】的值更改为 1.0，如图 6.14 所示。

图 6.14

5 在时间轴面板中，选中【搞事情】文字图层，按 Ctrl+D 组合键复制出【搞事情 2】【搞事情 3】及【搞事情 4】3 个新图层，如图 6.15 所示。

图 6.15

6 在时间轴面板中，将时间调整到 0:00:00:00 帧的位置，选中【搞事情】图层，打开【位置】属性，单击【位置】左侧码表，在当前位置添加关键帧，在视图中将对应文字向左侧平移至画布之外区域，如图 6.16 所示。

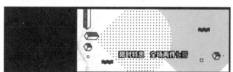

图 6.16

7 在时间轴面板中，将时间调整到 0:00:01:00 帧的位置，将对应文字向右侧平移至刚才位置，系统将自动添加关键帧，制作位置动画，如图 6.17 所示。

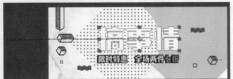

图 6.17

8　在时间轴面板中，将【搞事情】【搞事情 3】及【搞事情 4】图层暂时隐藏。

9　将时间调整到 0:00:00:05 帧的位置，选中【搞事情 2】图层，打开【位置】属性，单击【位置】左侧码表，在当前位置添加关键帧，在视图中将对应文字向左侧平移至画布之外区域，同时向下稍微移动，如图 6.18 所示。

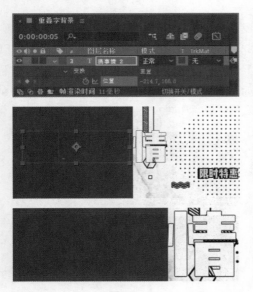

图 6.18

 技巧　向下稍微移动文字的目的是与其下方文字形成错位，以制作出厚度效果。

10　在时间轴面板中，将时间调整到 0:00:01:05 帧的位置，将对应文字向右侧平移，系统将自动添加关键帧，制作位置动画，如图 6.19 所示。

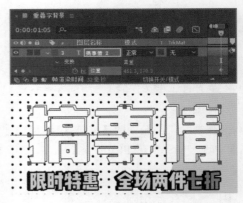

图 6.19

11　以同样方法分别为另外两个文字图层制作类似的位置动画，如图 6.20 所示。

图 6.20

12　这样就完成了最终整体效果制作，按小键盘上的 0 键即可在合成窗口中预览动画。

6.4 神秘过渡字动效制作

 实例解析

本例主要讲解神秘过渡字动效制作，主要用到蒙版工具，通过为文字绘制蒙版路径制作出动画过渡效果，最终效果如图 6.21 所示。

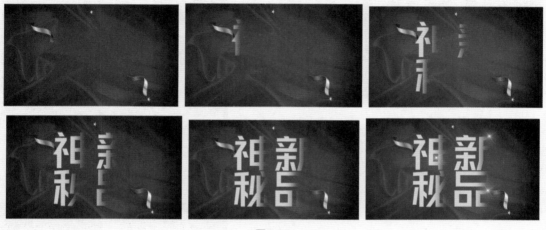

图 6.21

 知识点

缩放

旋转

蒙版

视频讲解

 操作步骤

1 打开工程文件"工程文件 \ 第 6 章 \ 神秘文字 .aep"。

2 选中工具箱中的【矩形工具】■，选中【神】文字图层，在图像中的文字位置绘制 1 个矩形蒙版路径，将部分图像隐藏，效果如图 6.22 所示。

3 按 F 键打开【蒙版羽化】，将数值更改为（50.0，50.0），如图 6.23 所示。

图 6.22

图 6.23

4 在时间轴面板中，将时间调整到 0:00:00:00 帧的位置，选中【神】图层，依次展开【蒙版】|【蒙版 1】，单击【蒙版路径】左侧码表，在当前位置添加关键帧，如图 6.24 所示。

图 6.24

5 在视图中同时选中蒙版路径右上角和右下角锚点并向左侧拖动，如图 6.25 所示。

图 6.25

6 将时间调整到 0:00:01:00 帧的位置，在

视图中同时选中蒙版路径右上角和右下角锚点并向右侧拖动，系统将自动添加关键帧，如图 6.26 所示。

图 6.26

7 以同样方法在其他几个文字位置绘制蒙版路径并制作类似的动画效果，如图 6.27 所示。

图 6.27

8 在时间轴面板中，选中【星光】图层，将时间调整到 0:00:01:10 帧的位置，打开【缩放】属性，将其数值更改为（0.0，0.0%），单击其左侧码表，在当前位置添加关键帧。

9 打开【旋转】属性，单击其左侧码表，在当前位置添加关键帧，如图 6.28 所示。

10 将时间调整到 00:00:02:00 帧的位置，将【缩放】的值更改为（100.0，100.0%），将【旋转】的值更改为（0x+100.0°），系统将自动添加关键帧，如图 6.29 所示。

图 6.28

图 6.29

中的图，如图 6.30 所示。

图 6.30

11 在时间轴面板中，选中【星光】图层，按 Ctrl+D 组合键复制出【星光 2】及【星光 3】两个图层。

12 在视图中分别移动刚才复制出来的图层

13 这样就完成了最终整体效果制作，按小键盘上的 0 键即可在合成窗口中预览动画。

6.5　艺术化弹簧字效果制作

 实例解析

本例主要讲解艺术化弹簧字效果制作，主要用到了【CC Bend It（CC 弯曲）】特效，通过添加特效及在不同时间更改数值制作关键帧动画，即可完成弹簧字效果制作，制作完成之后可添加动态模糊效果，最终效果如图 6.31 所示。

图 6.31

知识点

CC Bend It（CC 弯曲）

CC Force Motion Blur（CC 强制动态模糊）

操作步骤

1️⃣ 打开工程文件"工程文件 \ 第 6 章 \ 新装 .aep"。

2️⃣ 选中工具箱中的【横排文字工具】**T**，在图像中输入 MStiffHei PRC 字体的文字，如图 6.32 所示。

图 6.32

3️⃣ 在时间轴面板中，选中【文字】图层，在【效果和预设】面板中展开【扭曲】特效组，然后双击【CC Bend It（CC 弯曲）】特效。

4️⃣ 在【效果控件】面板中，将【Bend（弯曲）】的值更改为 0.0，将时间调整到 0:00:00:00 帧的位置，单击【Bend（弯曲）】左侧码表📷，在当前位置添加关键帧，将【Start（开始）】的值更改为（588.0，188.0），将【End（结束）】的值更改为（60.0，180.0），如图 6.33 所示。

图 6.33

5️⃣ 在时间轴面板中，选中【文字】图层，将时间调整到 0:00:01:00 帧的位置，将【Bend（弯曲）】的值更改为 -50.0；将时间调整到 0:00:01:02 帧的位置，将【Bend（弯曲）】的值更改为 60.0；将时间调整到 0:00:01:05 帧的位置，将【Bend（弯曲）】的值更改为 -50.0；将时间调整到 0:00:01:10 帧的位置，将【Bend（弯曲）】的值更改为 20.0；将时间调整到 0:00:01:15 帧的位置，将【Bend（弯曲）】的值更改为 -20.0；将时间调整到 0:00:01:20 帧的位置，将【Bend（弯曲）】的值更改为 15.0；将时间调整到 0:00:02:00 帧的位置，将【Bend（弯曲）】的值更改为 -15.0；将时间调整到 0:00:02:02 帧的位置，将【Bend（弯曲）】的值更改为 10.0；将时间调整到 0:00:02:05 帧的位置，将【Bend（弯曲）】的值更改为 -10.0；将时间调整到 0:00:02:08 帧的位置，将【Bend（弯曲）】的值更改为 5.0；将时间调整到 0:00:02:10 帧的位置，将【Bend（弯曲）】的值更改为 -2.0；将时间调整到 0:00:02:12 帧的位置，将【Bend（弯曲）】的值更改为 0.0，系统将自动添加关键帧，如图 6.34 所示。

图 6.34

6️⃣ 在时间轴面板中，选中【文字】图层，在【效果和预设】面板中展开【时间】特效组，然后双击【CC Force Motion Blur（CC 强制动态模糊）】特效。

7️⃣ 在【效果控件】面板中，将时间调整到

0:00:01:00 帧的位置，设置【Motion Blur（动态模糊取样）】的值为 8，单击【Motion Blur Samples（动态模糊取样）】左侧码表 ，在当前位置添加关键帧，如图 6.35 所示。

图 6.35

8 在时间轴面板中，将时间调整到

0:00:02:12 帧的位置，设置【Motion Blur Samples（动态模糊取样）】的值为 5，系统将自动添加关键帧，如图 6.36 所示。

图 6.36

9 这样就完成了最终整体效果制作，按小键盘上的 0 键即可在合成窗口中预览动画。

6.6 精致炫彩字动效制作

 实例解析

本例主要讲解精致炫彩字动效制作，在制作过程中为彩色图形添加高斯模糊效果，同时为文字制作轨道遮罩并添加表达式以完成整个效果制作，最终效果如图 6.37 所示。

图 6.37

 知识点

轨道遮罩
高斯模糊

视频讲解

 操作步骤

1 打开工程文件"工程文件\第 6 章\手机型号 .aep"。

2 在【项目】面板中，选中"色彩图形 .png"素材，将其拖至时间轴面板中，如图 6.38 所示。

图 6.38

3 在时间轴面板中，选中【12】图层，按 Ctrl+D 组合键复制出 1 个【13】文字图层，将【13】图层移至【色彩图形 .png】图层上方，再选中【色彩图形 .png】图层，将其图层【轨道遮罩】更改为【1.13】，如图 6.39 所示。

图 6.39

4 在时间轴面板中，选中【色彩图形 .png】图层，打开【位置】属性，按住 Alt 键并单击【位置】左侧码表，输入 wiggle(1,60)，为当前图层添加表达式，如图 6.40 所示。

图 6.40

5 在时间轴面板中，选中【色彩图形 .png】图层，在【效果和预设】面板中展开【模糊和锐化】特效组，然后双击【高斯模糊】特效。

6 在【效果控件】面板中，将【模糊度】的值更改为 30.0，如图 6.41 所示。

7 在时间轴面板中，选中【色彩图形 .png】图层，在视图中拖动图像，适当调整其位置，效果如图 6.42 所示。

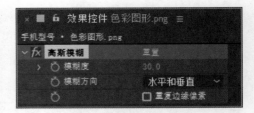

图 6.41

图 6.42

技巧　调整图像位置的目的是使文字颜色的过渡更加自然，高光阴影层次更加分明。

8 在时间轴面板中，选中【12】图层，打开【不透明度】属性，将图层【不透明度】的值更改为 0%，如图 6.43 所示。

图 6.43

9 这样就完成了最终整体效果制作，按小键盘上的 0 键即可在合成窗口中预览动画。

6.7　旋转主题字制作

　实例解析

本例主要讲解旋转主题字制作，本例的文字动画效果制作比较简单，为两部分文字分别添加旋转及位置动画即可完成整体效果制作，最终效果如图 6.44 所示。

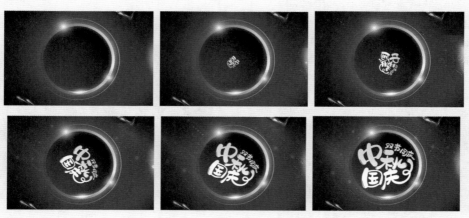

图 6.44

　知识点

旋转
位置

视频讲解

操作步骤

1 打开工程文件"工程文件 \ 第 6 章 \ 艺术字 .aep"。

2 在时间轴面板中，选中【文字】图层，将时间调整到 0:00:00:00 帧的位置，打开【缩放】属性，单击【缩放】左侧码表，在当前位置添加关键帧，并将【缩放】的值更改为（0.0，0.0%）。

3 打开【旋转】属性，单击【旋转】左侧码表，在当前位置添加关键帧，并将【旋转】的值更改为（0x+180.0°），如图 6.45 所示。

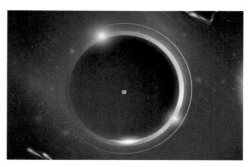

图 6.45（续）

4 在时间轴面板中，将时间调整到 0:00:03:00 帧的位置，将【缩放】的值更改为（100.0，100.0%），将【旋转】的值更改为（0x+0.0°），系统将自动添加关键帧，如图 6.46 所示。

5 在时间轴面板中，选中【左侧文字】图层，在视图中将其向左上角方向移至画布之外区域，效果如图 6.47 所示。

图 6.45

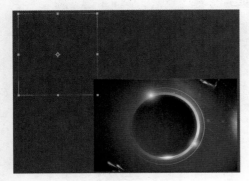

图 6.46

8 在时间轴面板中，选中【右侧文字】图层，将其向右下角方向移至画布之外区域，效果如图 6.49 所示。

图 6.47

图 6.49

9 在时间轴面板中，选中【右侧文字】图层，将时间调整到 0:00:00:00 帧的位置，打开【位置】属性，单击【位置】左侧码表，在当前位置添加关键帧。

6 在时间轴面板中，选中【左侧文字】图层，将时间调整到 0:00:00:00 帧的位置，打开【位置】属性，单击【位置】左侧码表，在当前位置添加关键帧。

10 将时间调整到 0:00:03:00 帧的位置，将文字向左上角方向拖动，系统将自动添加关键帧，制作出位置动画，如图 6.50 所示。

7 将时间调整到 0:00:03:00 帧的位置，将文字向右下角方向拖动，系统将自动添加关键帧，制作出位置动画，如图 6.48 所示。

图 6.50

11 这样就完成了最终整体效果制作，按小键盘上的 0 键即可在合成窗口中预览动画。

图 6.48

6.8 镂空艺术字动效制作

实例解析

本例主要讲解镂空艺术动效制作，在制作过程中选取了漂亮的花朵素材作为装饰图像，通过为文字制作轨道遮罩体现出镂空效果，最后为花纹制作位置动画，从而完成整体效果制作，最终效果如图6.51所示。

图 6.51

知识点

轨道遮罩
位置

视频讲解

操作步骤

1️⃣ 打开工程文件"工程文件\第6章\艺术字.aep"。

2️⃣ 在时间轴面板中，选中【花】图层，将其向下移至【邂逅花茶】图层下方，如图6.52所示。

图 6.52

图 6.52（续）

3️⃣ 选中【花】图层，将其图层【轨道遮罩】更改为【1.邂逅花茶】，如图6.53所示。

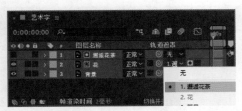

图 6.54 (续)

图 6.53

4 在时间轴面板中选中【花】图层,将时间调整到 0:00:00:00 帧的位置,打开【位置】属性,单击【位置】左侧码表,在当前位置添加关键帧,并将【位置】数值更改为(600.0,0.0),如图 6.54 所示。

5 将时间调整到 0:00:04:24 帧的位置,将【位置】的值更改为(200.0,490.0),系统将自动添加关键帧,如图 6.55 所示。

图 6.55

图 6.54

6 这样就完成了最终整体效果制作,按小键盘上的 0 键即可在合成窗口中预览动画。

6.9 碰撞文字动效制作

实例解析

本例主要讲解碰撞文字动效制作,通过为文字图层添加效果控件并调整参数即可完成整个动效制作,最终效果如图 6.56 所示。

图 6.56

　知识点

CC Scatterize（CC 散射）
不透明度
缩放

视频讲解

　操作步骤

1　打开工程文件"工程文件 \ 第 6 章 \ 年货节 .aep"。

2　在时间轴面板中，选中【年货节文字 .png】图层，按 Ctrl+D 组合键复制出 1 个【年货节文字 2】新图层。

3　选中【年货节文字 .png】图层，在【效果和预设】面板中展开【Simulation（模拟）】特效组，然后双击【CC Scatterize（CC 散射）】特效。

4　在【效果控件】面板中，修改【CC Scatterize（CC 散射）】特效的参数，从【Transfer Mode（传输模式）】下拉菜单中选择【Alpha Add（Alpha 相加）】选项，将时间调整到 0:00:01:01 帧的位置，设置【Scatter（分散）】的值为 0.0，单击其左侧码表，在当前位置添加关键帧，如图 6.57 所示。

5　将时间调整到 0:00:02:01 帧的位置，将【Scatter（分散）】的值更改为 170.0，系统将自动添加关键帧，如图 6.58 所示。

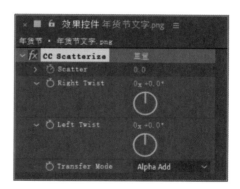

图 6.57

图 6.58

6　在时间轴面板中，选中【年货节文字 .png】

图层，将时间调整到 0:00:01:00 帧的位置，打开【不透明度】属性，将【不透明度】的值更改为 0%，单击【不透明度】左侧码表，在当前位置添加关键帧，如图 6.59 所示。

图 6.59

7 将时间调整到 0:00:01:01 帧的位置，将【不透明度】的值更改为 100%，系统会自动添加关键帧。

8 将时间调整到 0:00:01:11 帧的位置，单击【在当前时间添加或移除关键帧】按钮，在当前位置添加 1 个延时帧。

9 将时间调整到 0:00:01:18 帧的位置，将【不透明度】的值更改为 0%，如图 6.60 所示。

10 在时间轴面板中，选中【年货节文字 2】图层，将时间调整到 0:00:00:00 帧的位置，打开【缩放】属性，单击【缩放】左侧码表，在当前位置添加关键帧，并将【缩放】的值更改为（5000.0，5000.0%）。

图 6.60

11 将时间调整到 0:00:01:01 帧的位置，将【缩放】的值更改为（100.0，100.0%），系统将自动添加关键帧，制作缩放动画效果，如图 6.61 所示。

图 6.61

12 这样就完成了最终整体效果制作，按小键盘上的 0 键即可在合成窗口中预览动画。

6.10 闪光颗粒字动效制作

 实例解析

本例主要讲解闪光颗粒字动效制作，在制作过程中主要用到梯度渐变、发光等效果控件，最终效果如图 6.62 所示。

图 6.62

视频讲解

知识点

四色渐变

CC Ball Action（CC 滚珠操作）

发光

Starglow（星光）

操作步骤

1 打开工程文件"工程文件\第6章\啤酒节 .aep"。

2 在时间轴面板中，选中【啤酒节文字】图层，在【效果和预设】面板中展开【生成】特效组，然后双击【四色渐变】特效。

3 在【效果控件】面板中，设置【点1】的值为（25.0，42.0），【点2】的值为（720.0，42.0），【点3】的值为（80.0，403.0），【颜色3】为红色（R:250，G:0，B:0），【点4】的值为（720.0，403.0），【颜色4】为黑色，如图6.63所示。

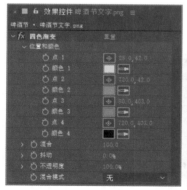

图 6.63

4 在时间轴面板中，选中【啤酒节文字】图层，在【效果和预设】面板中展开【风格化】特效组，然后双击【发光】特效。

5 在【效果控件】面板中，将【发光强度】的值更改为5.0，将【发光操作】更改为【正常】，将【颜色A】更改为白色，将【颜色B】更改为绿色（R:185，G:255，B:0），如图6.64所示。

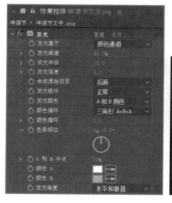

图 6.64

6 在【效果和预设】面板中展开【Simulation（模拟）】特效组，然后双击【CC Ball Action（CC 滚珠操作）】特效。

7 在【效果控件】面板中，修改【CC Ball Action（CC 滚珠操作）】特效的参数，设置【Grid Spacing（网格间距）】的值为1，【Ball Size（球尺寸）】的值为70.0，将时间调整到0:00:00:00 帧的位置，设置【Scatter（分散）】的值为200.0，【Twist Angle（扭曲角度）】的值为（1x+300.0°），分别单击【Scatter（分散）】和【Twist Angle（扭曲角度）】左侧码表，在当前位置添加关键帧，如图6.65所示。

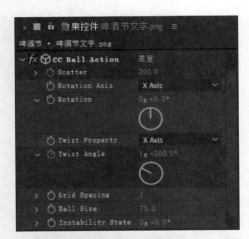

图 6.65

8 将时间调整到 0:00:03:00 帧的位置，设置【Scatter（分散）】的值为 0.0，设置【Twist Angle（扭曲角度）】的值为（0x+0.0°），系统会自动添加关键帧，如图 6.66 所示。

图 6.66

9 在时间轴面板中，选中【啤酒节文字】图层，在【效果和预设】面板中展开【风格化】特

效组，然后双击【发光】特效。

10 在【效果控件】面板中，将【发光强度】的值更改为 2.0，如图 6.67 所示。

图 6.67

11 在时间轴面板中，选中【啤酒节文字】图层，在【效果和预设】面板中展开 RG Trapcode 特效组，然后双击【Starglow（星光）】特效。

12 在【效果控件】面板中，将【Input Channel（输入通道）】更改为 Alpha。

13 展开【Pre-Process（预处理）】，将【Threshold（阈值）】的值更改为 300.0，将【Threshold Soft（阈值软化）】的值更改为 100.0，如图 6.68 所示。

图 6.68

14 将【Streak Length（条纹长度）】的值更改为 10.0，将【Boost Light（光线亮度）】的值更改为 1.0，将【Transfer Mode（转换模式）】更

改为【Add（相加）】，如图 6.69 所示。

图 6.69

图 6.69（续）

15 这样就完成了最终整体效果制作，按小键盘上的 0 键即可在合成窗口中预览动画。

6.11 金属粒子文字动效制作

 实例解析

本例主要讲解金属粒子文字动效制作，主要用到【CC Pixel Polly（CC 像素多边形）】效果控件，通过为其设置参数即可完成整个动效制作，最终效果如图 6.70 所示。

图 6.70

 知识点

CC Pixel Polly（CC 像素多边形）
不透明度

视频讲解

100%，系统将自动添加关键帧，如图 6.73 所示。

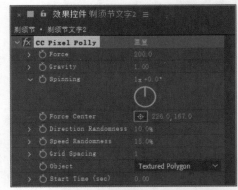

图 6.72

操作步骤

1 打开工程文件"工程文件 \ 第 6 章 \ 剃须节 .aep"。

2 在时间轴面板中，选中【剃须节文字 .png】图层，按 Ctrl+D 组合键复制出 1 个【剃须节文字 2】图层，如图 6.71 所示。

图 6.71

3 在时间轴面板中，选中【剃须节文字 2】图层，在【效果和预设】面板中展开【模拟】特效组，然后双击【CC Pixel Polly（CC 像素多边形）】特效。

4 在【效果控件】面板中，设置【Force（力量）】的值为 200.0，【Force Center（力量中心）】的值为（226.0，167.0），【Grid Spacing（网格间距）】的值为 1，此时按小键盘上的 0 键即可预览效果，如图 6.72 所示。

5 在时间轴面板中，选中【剃须节文字 .png】图层，将时间调整到 0:00:00:00 帧的位置，打开【不透明度】属性，单击其左侧码表 ，在当前位置添加关键帧，并将其数值更改为 0%；将时间调整到 0:00:00:10 帧的位置，将【不透明度】的值更改为

图 6.73

6 这样就完成了最终整体效果制作，按小键盘上的 0 键即可在合成窗口中预览动画。

6.12 输入文字动效制作

 实例解析

本例主要讲解输入文字动效制作，为输入的文字添加字符位移效果即可完成整个文字动效制作，最终效果如图 6.74 所示。

图 6.74

视频讲解

 知识点

不透明度
字符位移

 操作步骤

1 打开工程文件"工程文件 \ 第 6 章 \ 输入文字 .aep"。

2 选中工具箱中的【横排文字工具】T，在图像中输入 Microsoft YaHei UI 字体的文字，如图 6.75 所示。

图 6.75

3 将时间调整到 0:00:00:00 帧的位置，选

中【文字】图层，单击【文本】右侧的 动画: ▶ 按钮，从菜单中选择【字符位移】选项，设置【字符位移】的值为 20。

4 单击【动画制作工具 1】右侧的 添加: ▶ 按钮，从菜单中选择【属性】|【不透明度】选项，设置【不透明度】的值为 0%。设置【起始】的值为 0%，单击【起始】左侧码表 ⏱，在当前位置设置关键帧，如图 6.76 所示。

图 6.76

5 将时间调整到 0:00:02:00 帧的位置，设

159 ⦿

置【起始】的值为 100%，系统将自动添加关键帧，如图 6.77 所示。

图 6.77

⑥ 这样就完成了最终整体效果制作，按小键盘上的 0 键即可在合成窗口中预览动画。

6.13 清新字动效制作

 实例解析

本例主要讲解清新字动效制作，主要利用时间轴面板中的功能即可实现该效果，最终效果如图 6.78 所示。

图 6.78

 知识点

动画制作工具
范围选择器

视频讲解

操作步骤

1 打开工程文件"工程文件\第6章\夏装.aep"。

2 选中【文字】图层,在【效果和预设】面板中展开【生成】特效组,双击【梯度渐变】特效。

3 在【效果控件】面板中修改【梯度渐变】特效参数,设置【渐变起点】的值为(129.0,206.0),【起始颜色】为深绿色(R:33,G:109,B:109),【渐变终点】的值为(129.0,229.0),【结束颜色】为绿色(R:165,G:208,B:189),如图6.79所示。

图 6.79

4 选中【文字】图层,在【效果和预设】面板中展开【透视】特效组,双击【投影】特效。

5 在【效果控件】面板中修改【投影】特效参数,设置【阴影颜色】为深绿色(R:17,G:82,B:82),【距离】的值为2.0,【柔和度】的值为5.0,如图6.80所示。

6 在时间轴面板中选中【文字】图层,单击【文本】右侧的动画按钮 动画 ,在弹出的菜单中选择【缩放】选项,设置【缩放】的值为(300.0,300.0%),单击【动画制作工具1】右侧的 添加: 按钮,从菜单中选择【属性】|【不透明度】和【属性】|【模糊】选项,设置【不透明度】的值为0%,【模糊】的值为(200.0,200.0),如图6.81所示。

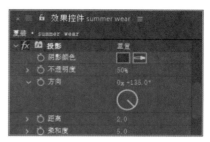

图 6.80

图 6.81

7 展开【动画制作工具1】|【范围选择器1】|【高级】选项,在【单位】右侧的下拉列表中选择【索引】,在【形状】右侧的下拉列表中选择【上斜坡】,设置【缓和低】的值为100%,【随机排序】为【开】,如图6.82所示。

图 6.82

8 将时间调整到 0:00:00:00 帧的位置，展开【范围选择器 1】选项，设置【结束】的值为 10.0，【偏移】的值为 -10.0，单击【偏移】左侧码表，在当前位置设置关键帧。

9 将时间调整到 0:00:02:00 帧的位置，设置【偏移】的值为 23.0，系统自动添加关键帧，如图 6.83 所示。

图 6.83

10 这样就完成了最终整体效果制作，按小键盘上的 0 键即可在合成窗口中预览动画。

6.14　炫彩文字动效制作

 实例解析

本例主要讲解炫彩文字动效制作，只需要为文字图层添加填充色相即可完成，最终效果如图 6.84 所示。

图 6.84

 知识点

填充色相

视频讲解

 操作步骤

1 打开工程文件"工程文件 \ 第 6 章 \ 生活节 .aep"。

2 在时间轴面板中，将时间调整到 0:00:00:00 帧的位置，展开【文字】图层，单击【文本】右侧的三角形按钮，从菜单中选择【填

充颜色】|【色相】选项，设置【填充色相】的值为
（0x+0.0°），单击【填充色相】左侧码表，在
当前位置设置关键帧。

③ 将时间调整到 0:00:04:24 帧的位置，设
置【填充色相】的值为（2x+0.0°），系统会自动
设置关键帧，如图 6.85 所示。

图 6.85

图 6.85（续）

④ 这样就完成了最终整体效果制作，按小
键盘上的 0 键即可在合成窗口中预览动画。

6.15 翻转字母动效制作

 实例解析

本例主要讲解翻转字母动效制作，通过为文字添加 3D 化显示效果即可制作出翻转文字，最终效果如
图 6.86 所示。

图 6.86

知识点

启用逐字 3D 化
动画制作工具
范围选择器

视频讲解

操作步骤

1 打开工程文件“工程文件 \ 第 6 章 \ 新品季 .aep”。

2 在时间轴面板中选中【文字】图层，单击【文本】右侧的动画按钮 动画：▶，在弹出的下拉菜单中依次选择【启用逐字 3D 化】及【缩放】选项，如图 6.87 所示。

图 6.87

3 单击【动画制作工具 1】右侧 添加：▶ 按钮，在弹出的菜单中依次选择【属性】|【旋转】、【属性】|【不透明度】及【属性】|【模糊】，如图 6.88 所示。

图 6.88

4 展开【动画制作工具 1】|【范围选择器 1】|【高级】选项，在【形状】右侧的下拉列表中选择【上斜坡】，如图 6.89 所示。

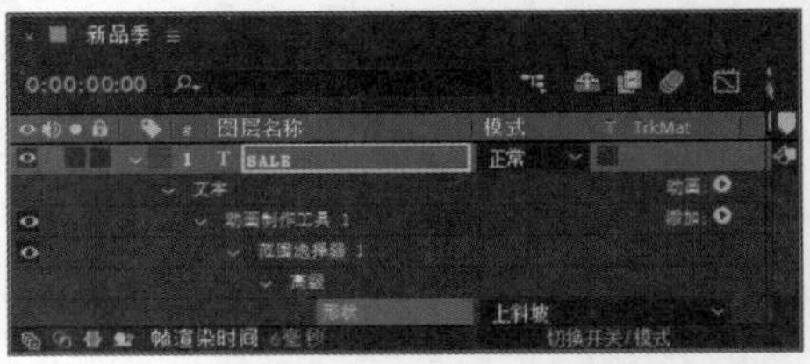

图 6.89

5 在【动画制作工具 1】选项中设置【缩放】的值为（400.0，400.0，400.0%），【不透明度】的值为 0%，【Y 轴旋转】的值为（-1x+0.0°），【模糊】的值为（5.0，5.0），如图 6.90 所示。

图 6.90

6 将时间调整到 0:00:00:00 帧的位置，展开【范围选择器 1】选项组，设置【偏移】的值为 -100%，单击【偏移】左侧码表 ⏱，在当前位置设置关键帧，如图 6.91 所示。

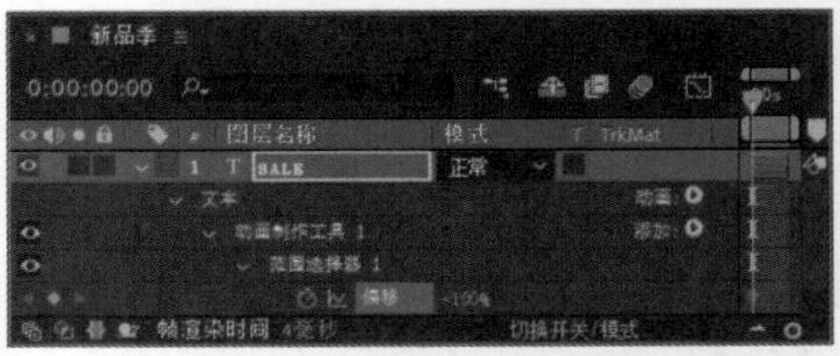

图 6.91

图 6.91（续）

7 将时间调整到 0:00:03:00 帧的位置，设置【偏移】的值为 100%，系统将自动添加关键帧，如图 6.92 所示。

8 这样就完成了最终整体效果制作，按小键盘上的 0 键即可在合成窗口中预览动画。

图 6.92

6.16 粒子聚字动效制作

实例解析

本例主要讲解粒子聚字动效制作，主要用到线性擦除及【CC Particle World（CC 粒子世界）】两种效果控件，整个制作过程比较简单，最终效果如图 6.93 所示。

图 6.93

知识点

线性擦除

CC Particle World（CC 粒子世界）

视频讲解

操作步骤

1 打开工程文件"工程文件\第6章\双12 广告 .aep"。

2 在时间轴面板中选中【超级优惠】图层，在【效果和预设】面板中展开【过渡】特效组，然后双击【线性擦除】特效。

3 在【效果控件】面板中，将【过渡完成】的值更改为90%，将时间调整到 0:00:01:02 帧的位置，单击【过渡完成】左侧码表 ⏱，在当前位置添加关键帧，并设置【擦除角度】的值为（0x+250.0°），【羽化】的值为 100.0，如图 6.94 所示。

图 6.94

4 将时间调整到 0:00:01:22 帧的位置，将【过渡完成】的值更改为 10%，系统将自动添加关键帧，如图 6.95 所示。

图 6.95

5 执行菜单栏中的【图层】|【新建】|【纯色】命令，在弹出的对话框中将【名称】更改为"粒子"，将【颜色】更改为黑色，完成之后单击【确定】按钮，将【粒子】图层移至【超级优惠】图层下方，如图 6.96 所示。

6 在时间轴面板中，选中【粒子】图层，在【效果和预设】面板中展开【模拟】特效组，然后双击【CC Particle World（CC 粒子世界）】特效。

图 6.96

7 在【效果控件】面板中，修改【CC Particle World（CC 粒子世界）】特效的参数，设置【Birth Rate（出生率）】的值为 8.0，【Longevity（寿命）】的值为 2.00，如图 6.97 所示。

图 6.97

8 展开【Producer（发生器）】选项组，将时间调整到 0:00:00:17 帧的位置，设置【PositionX（位置X）】的值为 -2.75，单击【Position X（位置X）】左侧码表 ⏱，在当前位置添加关键帧，设置【Position Y（位置Y）】的值为 -0.05，【PositionZ（位置Z）】的值为 -0.50，【Radius Z（Z轴半径）】的值为 5.000，如图 6.98 所示。

图 6.98

9 将时间调整到 0:00:02:06 帧的位置，设置【Position X（位置X）】的值为 2.96，系统会自动设置关键帧，如图 6.99 所示。

图 6.99

10 展开【Physics（物理学）】选项组，设置【Velocity（速度）】的值为 0.30，【Gravity（重力）】的值为 0.000。展开【Particle（粒子）】选项组，设置【Birth Color（出生颜色）】为白色，【Death Color（死亡颜色）】为蓝色（R:0，G:156，B:255），如图 6.100 所示。

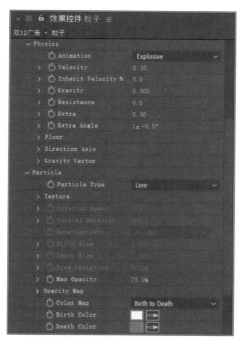

图 6.100

技巧　调整时间轴中的时间可以预览粒子动画效果。

11 在时间轴面板中，选中【粒子】图层，将其暂时隐藏。

12 在时间轴面板中，选中【超级优惠】图层，在【效果和预设】面板中展开【生成】特效组，然后双击【梯度渐变】特效。

13 在【效果控件】面板中，设置【渐变起点】的值为（367.0，165.0），【起始颜色】为蓝色（R:130，G:170，B:255），【渐变终点】的值为（367.0，204.0），【结束颜色】为白色，如图 6.101 所示。

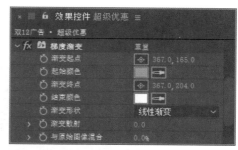

图 6.101

14 在时间轴面板中，选中【超级优惠】图层，在【效果和预设】面板中展开【透视】特效组，然后双击【投影】特效。

15 在【效果控件】面板中，将【距离】的值更改为 2.0，如图 6.102 所示。

16 这样就完成了最终整体效果制作，按小键盘上的 0 键即可在合成窗口中预览动画。

图 6.102

图 6.102（续）

6.17 炫光破碎字动效制作

 实例解析

本例主要讲解炫光破碎字动效制作，本例用到了摄像机、碎片等效果控件，在制作过程中需要注意参数的调节，最终效果如图 6.103 所示。

图 6.103

图 6.103（续）

知识点

斜面 Alpha
碎片
摄像机

视频讲解

操作步骤

6.17.1 打造质感文字

① 打开工程文件"工程文件 \ 第 6 章 \ 耳机广告 .aep"。

② 打开【文字】合成，在时间轴面板中选中【文字】图层，在【效果和预设】面板中展开【透视】特效组，然后双击【斜面 Alpha】特效。

③ 在【效果控件】面板中，修改【斜面 Alpha】特效的参数，设置【边缘厚度】的值为 2.00，【灯光角度】的值为（0x-60.0°），【灯光强度】的值为 1.00，如图 6.104 所示。

④ 执行菜单栏中的【图层】|【新建】|【灯光】命令，在弹出的对话框中将【名称】更改为"高光"，将【灯光类型】更改为【平行】，将【颜色】更改为青色（R:197，G:247，B:245），将【强度】的值更改为 90%，选中【投影】复选框，将【阴影深度】的值更改为 40%，如图 6.105 所示。

⑤ 在时间轴面板中，选中 SUPER HI-RES 图层，将其 3D 图层打开，如图 6.106 所示，效果如图 6.107 所示。

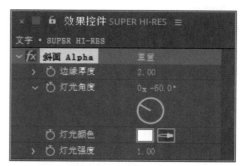

图 6.104

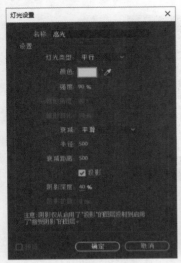

图 6.105

图 6.106

图 6.107

 技巧 打开 3D 图层可看到图像中文字颜色的
变化。

6 在【项目】面板中，选中【文字】合成，
将其拖至【耳机广告】时间轴面板中，并打开其
3D 图层，如图 6.108 所示。

7 在时间轴面板中，选中【文字】图层，

将时间调整到 0:00:01:14 帧的位置，打开【不透明度】
属性，单击【不透明度】左侧码表 ，在当前位
置添加关键帧，将【不透明度】的值更改为 0%；
将时间调整到 0:00:01:15 帧的位置，将【不透明
度】的值更改为 100%，系统将自动添加关键帧，
如图 6.109 所示。

图 6.108

图 6.109

8 在【项目】面板中，选中【文字】合成，
将其拖至时间轴面板中，将时间调整到 0:00:01:15
帧的位置，按 [键设置当前动画入场，如图 6.110
所示。

图 6.110

9 在时间轴面板中，将时间调整到
0:00:01:15 帧的位置，选中上方【文字】图层，在【效
果和预设】面板中展开【模拟】特效组，然后双击
【碎片】特效。

10 在【效果控件】面板中，修改【碎片】
特效的参数，设置【视图】为【已渲染】，展开
【形状】选项组，将【图案】更改为【玻璃】，将

【重复】的值更改为 100.00，将【方向】的值更改为（0x+40.0°），将【源点】的值更改为（357.0，250.0），将【凸出深度】的值更改为 0.01，如图 6.111所示。

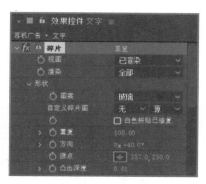

图 6.111

11 展开【作用力 1】选项组，将【位置】的值更改为（195.0，252.0），将【深度】的值更改为 0.10，将【半径】的值更改为 1.00，将【强度】的值更改为 -0.50，如图 6.112 所示。

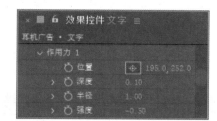

图 6.112

12 展开【作用力 2】选项组，将【位置】的值更改为（503.0，252.0），将【深度】的值更改为 0.10，将【半径】的值更改为 0.00，将【强度】的值更改为 1.00，如图 6.113 所示。

13 展开【物理学】选项组，将【旋转速度】的值更改为 0.20，将【随机性】的值更改为 0.30，将【粘度】的值更改为 0.20，将【大规模方差】的值更改为 30%，将【重力】的值更改为 1.00，将【重力方向】的值更改为（0x+90.0°），将【重力倾向】的值更改为 70.00，如图 6.114 所示。

图 6.113

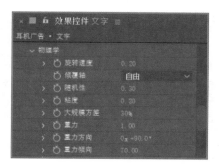

图 6.114

14 在【项目】面板中，选中"炫光 .mov"素材，将其拖至时间轴面板中，并将其图层【模式】更改为【相加】，然后在视图中将其等比缩小，将时间调整到 0:00:01:10 帧的位置，按 [键设置动画入场，如图 6.115 所示。

图 6.115

15 在时间轴面板中，选中【炫光 .mov】图层，在【效果和预设】面板中展开【颜色校正】特效组，然后双击【三色调】特效。

16 在【效果控件】面板中，修改【三色调】
特效的参数，设置【中间调】为青色（R:0，G:240，
B:255），如图 6.116 所示。

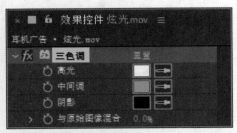

图 6.116

 技巧　通过调整时间轴面板中的时间可预览调整颜色后的炫光效果。

6.17.2　制作破碎装饰

1 执行菜单栏中的【图层】|【新建】|【调整图层】命令，生成 1 个【调整图层 1】图层。

2 在时间轴面板中，选中【调整图层 1】图层，在【效果和预设】面板中展开【扭曲】特效组，然后双击【放大】特效。

3 在【效果控件】面板中，修改【放大】特效的参数，设置【放大率】的值为 120.0，【大小】的值为 500.0，如图 6.117 所示。

图 6.117

4 选中工具箱中的【钢笔工具】 ，在图像中绘制 1 个不规则蒙版，如图 6.118 所示。

图 6.118

5 按 F 键打开【蒙版羽化】，将【蒙版羽化】的值更改为（40.0，40.0），如图 6.119 所示。

6 在时间轴面板中，选中【调整图层 1】图层，将时间调整到 0:00:01:15 帧的位置，单击【蒙版路径】左侧码表 ，在当前位置添加关键

帧，在视图中同时选中蒙版路径右上角及右下角锚点并向左侧拖动，系统将自动添加关键帧，如图6.120所示。

图 6.119

图 6.120

7 在时间轴面板中，将时间调整到0:00:01:17帧的位置，同时选中右上角及右下角锚点并向右侧拖动，系统将自动添加关键帧，如图6.121所示。

图 6.121

图 6.121（续）

8 在时间轴面板中，将时间调整到0:00:01:21帧的位置，同时选中右上角及右下角锚点并再次向右侧拖动，系统将自动添加关键帧，如图6.122所示。

图 6.122

9 在时间轴面板中，将时间调整到0:00:02:03帧的位置，同时选中左上角及左下角锚点并再次向右侧拖动至画布之外区域，系统将自动添加关键帧，如图6.123所示。

图 6.123

6.17.3 调整动画视角

❶ 在时间轴面板中，确认打开两个【文字】图层的 3D 图层，如图 6.124 所示。

图 6.124

❷ 执行菜单栏中的【图层】|【新建】|【摄像机】命令，在弹出的对话框中将【预设】更改为【50毫米】，选中【启用景深】复选框，完成之后单击【确定】按钮，如图 6.125 所示。

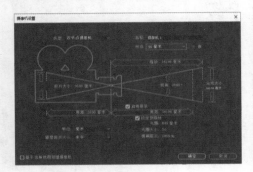

图 6.125

❸ 在时间轴面板中，选中【摄像机 1】图层，将时间调整到 0:00:00:00 帧的位置，单击【Z 轴旋转】左侧码表，在当前位置添加关键帧。

❹ 将时间调整到 0:00:00:12 帧的位置，将【Z 轴旋转】的值更改为（0x-5.0°），系统将自动添加关键帧，如图 6.126 所示。

图 6.126

图 6.126（续）

> 😊 技巧　通过调整时间轴面板中的时间可预览调整文字动画后的效果。

❺ 将时间调整到 0:00:01:05 帧的位置，将【Z轴旋转】的值更改为（0x+0.0°）；将时间调整到0:00:01:20 帧的位置，将【Z 轴旋转】的值更改为（0x+5.0°），系统将自动添加关键帧，如图 6.127所示。

图 6.127

❻ 在时间轴面板中，选中【摄像机 1】图层，将时间调整到 0:00:00:12 帧的位置，单击【目标点】左侧码表，在当前位置添加关键帧；将时间调整到 0:00:01:20 帧的位置，将【目标点】的值更改为（350.0，327.0，150.0），系统将自动添加关键帧，如图 6.128 所示。

图 6.129

图 6.128

图 6.130

7 将时间调整到 0:00:04:24 帧的位置，将【目标点】的值更改为（285.0，338.0，1500.0），系统将自动添加关键帧，如图 6.129 所示，效果如图 6.130 所示。

8 这样就完成了最终整体效果制作，按小键盘上的 0 键即可在合成窗口中预览动画。

6.18 酷黑文字动效制作

 实例解析

本例主要讲解酷黑文字动效制作，最终效果如图 6.131 所示。

图 6.131

知识点

蒙版
位置
不透明度

操作步骤

6.18.1 输入文字

1️⃣ 打开工程文件"工程文件\第 6 章\酷黑背景 .aep"。

2️⃣ 选中工具箱中的【横排文字工具】T，在图像中输入 Microsoft YaHei UI 字体的文字，如图 6.132 所示。

图 6.132

3️⃣ 在时间轴面板中，选中【黑五狂欢】文字图层，按 Ctrl+D 组合键复制出 1 个【黑五狂欢 2】新图层，如图 6.133 所示。

图 6.133

4️⃣ 选中【黑五狂欢】图层，将其文字颜色更改为浅蓝色（R:175，G:243，B:255）。

5️⃣ 在时间轴面板中，选中【黑五狂欢 2】图层，将时间调整到 0:00:00:00 帧的位置，打开【位置】属性，单击【位置】左侧码表，在当前位置添加关键帧。

6️⃣ 将时间调整到 0:00:00:10 帧的位置，按两次向左的方向键，将文字向左侧稍微移动，系统将自动添加关键帧，制作出位置动画，如图 6.134 所示。

图 6.134

7️⃣ 将时间调整到 0:00:00:20 帧的位置，按两次向上的方向键，将文字向顶部方向稍微移动，以同样方法每隔 10 帧调整一次文字位置，系统将自动添加关键帧，制作出位置动画，如图 6.135 所示。

图 6.135

6.18.2 添加装饰图形

1️⃣ 选中工具箱中的【矩形工具】■，在文字底部位置绘制 1 个细长矩形,设置矩形的【填充】为红色(R:254,G:0,B:0),【描边】为无,效果如图 6.136 所示。

图 6.136

2 在时间轴面板中,选中【形状图层 1】图层,按 Ctrl+D 组合键复制出【形状图层 2】【形状图层 3】及【形状图层 4】3 个新图层,并在视图中分别将它们适当移动,如图 6.137 所示。

图 6.137

3 在时间轴面板中,同时选中所有和形状图层相关的图层,单击右键,在弹出的菜单中选择【预合成】选项,在弹出的对话框中将【新合成名称】更改为"线段",完成之后单击【确定】按钮,如图 6.138 所示。

4 在时间轴面板中,选中【线段】图层,将时间调整到 0:00:00:00 帧的位置,打开【位置】属性,单击【位置】左侧码表 ,在当前位置添加关键帧,同时在图像中将线段向左侧平移,如图 6.139 所示。

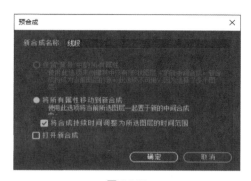

图 6.138

图 6.139

5 将时间调整到 0:00:03:00 帧的位置,将线段向右侧平移,系统将自动添加关键帧,制作出位置动画,如图 6.140 所示。

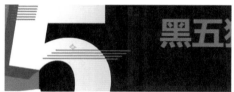

图 6.140

⑥ 在时间轴面板中，选中【线段】图层，将时间调整到0:00:00:00帧的位置，打开【不透明度】属性，单击其左侧码表🕐，在当前位置添加关键帧，并将其数值更改为0%。

⑦ 将时间调整到0:00:02:00帧的位置，单击【在当前时间添加或移除关键帧】按钮◆，在当前位置添加1个延时帧。

⑧ 将时间调整到0:00:03:00帧的位置，将【不透明度】的值更改为100%，系统将自动添加关键帧，如图6.141所示。

图 6.141

6.18.3 制作装饰曲线

① 选中工具箱中的【矩形工具】▣，在文字底部位置绘制1个细长矩形，设置矩形【填充】为蓝色（R:33，G:137，B:222），【描边】为无，效果如图6.142所示。

图 6.142

② 在时间轴面板中，选中【形状图层1】图层，单击 添加：● 按钮，在弹出的菜单中选择【Z字形】。

③ 展开【锯齿1】，将【大小】的值更改为2.0，将【点】更改为【平滑】，如图6.143所示。

图 6.143

④ 在时间轴面板中，选中【形状图层1】图层，按Ctrl+D组合键复制出1个【形状图层2】图层。

⑤ 选中【形状图层2】图层，将其图形颜色更改为红色（R:238，G:39，B:17），在视图中将图形向右侧平移，如图6.144所示。

图 6.144

⑥ 以同样方法分别将图形再复制两份，并分别移动位置，如图6.145所示。

图 6.145

⑦ 在时间轴面板中，同时选中所有和刚才绘制的图形相关的图层，单击右键，在弹出的菜单中选择【预合成】选项，在弹出的对话框中将【新

合成名称】更改为"线段 2"，完成之后单击【确定】
按钮，如图 6.146 所示。

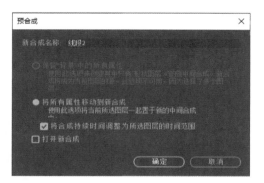

图 6.146

⑧ 选中工具箱中的【矩形工具】■，选中
【线段】图层，在视图中绘制 1 个矩形蒙版，将部
分图形隐藏，如图 6.147 所示。

图 6.147

⑨ 在时间轴面板中，将【线段 2】图层展开，
将时间调整到 0:00:03:00 帧的位置，单击【蒙版 1】|
【蒙版路径】左侧码表，在当前位置添加关键帧，
如图 6.148 所示。

图 6.148

⑩ 将时间调整到 0:00:04:24 帧的位置，在
视图中同时选中矩形蒙版左下角和右下角锚点并向

下拖动，系统将自动添加关键帧，如图 6.149 所示。

图 6.149

⑪ 选中工具箱中的【矩形工具】■，在图
像左侧位置绘制 1 个细长矩形，设置矩形【填充】
为白色，【描边】为无，生成 1 个【形状图层 1】，
如图 6.150 所示。

图 6.150

⑫ 在时间轴面板中，选中【形状图层 1】
图层，将时间调整到 0:00:00:00 帧的位置，打开【位
置】属性，单击【位置】左侧码表，在当前位置
添加关键帧，并将矩形向顶部移至图像之外区域，
如图 6.151 所示。

图 6.151

图 6.151（续）

13 将时间调整到 0:00:04:24 帧的位置，在图像中将矩形向下拖动，系统将自动添加关键帧，如图 6.152 所示。

图 6.152

14 以同样方法在图像靠底部位置再绘制 1 个相似的灰色（R:20，G:20，B:20）矩形，并为其制作类似的位置动画效果，如图 6.153 所示。

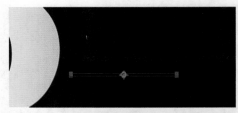

图 6.153

15 这样就完成了最终整体效果制作，按小键盘上的 0 键即可在合成窗口中预览动画。

第7章

商品趣味主题动画制作

内容摘要

本章主要讲解商品趣味主题动画制作，其制作的重点是表现商品的趣味性，整个动画制作过程通常比较简单，本章在讲解过程中主要列举了为抽奖转盘制作动效、木板晃动效果制作、动感边框动画表现制作、海鲜美食动画制作、旋转背景主题动画制作、精美画中画动效制作、动感栅格动效制作、水果旋转动效制作、翻滚动效制作、对比动效制作、旋转动效制作、滚动幕布动画制作、压缩文字动效制作、开幕式动效制作、母亲节主题动画制作及气泡对话动效制作等实例，通过对这些实例的学习，读者可以基本掌握商品趣味主题动画制作的方法。

教学目标

◉ 掌握为抽奖转盘制作动效的方法　　◉ 理解海鲜美食动画制作　　◉ 学习对比动效制作

◉ 学会翻滚动效制作　　◉ 掌握旋转动效制作　　◉ 学会气泡对话动效制作

7.1 为抽奖转盘制作动效

实例解析

本例主要讲解为抽奖转盘制作动效，本例的制作过程比较简单，首先为图层添加旋转关键帧，然后为光圈制作不透明度动画，最终效果如图 7.1 所示。

图 7.1

知识点

旋转

不透明度

视频讲解

操作步骤

①　打开工程文件"工程文件 \ 第 7 章 \ 抽奖转盘 .aep"。

②　在时间轴面板中，选中【指针】图层，选中工具箱中的【向后平移（锚点）工具】，在视图中将图形中心点移至转盘中心位置，效果如图 7.2 所示。

图 7.2

③　在时间轴面板中，将时间调整到 0:00:00:00 帧的位置，选中【指针】图层，打开【旋转】属性，单击【旋转】左侧码表，在当前位置添加关键帧。

④　将时间调整到 0:00:04:24 帧的位置，将【旋转】数值更改为（5x+0.0°），系统将自动添加关键帧，制作出旋转动画效果，如图 7.3 所示。

图 7.3

⑤　选 0:00:04:24 处的关键帧，单击右键，在弹出的菜单中选择【关键帧辅助】|【缓动】选项，为当前关键帧添加缓动效果。

⑥　按小键盘上的数字 0 键即可预览当前指针动画效果，如图 7.4 所示。

图 7.4

⑦ 在时间轴面板中，将时间调整到0:00:00:00帧的位置，同时选中【发光】及【光圈】图层，打开【旋转】属性，单击【旋转】左侧码表 ，在当前位置添加关键帧。

⑧ 将时间调整到 0:00:04:24 帧的位置，将【旋转】数值更改为（-1x+0.0°），系统将自动添加关键帧，制作旋转动画，如图 7.5 所示。

⑨ 在时间轴面板中，将时间调整到0:00:00:00帧的位置，选中【发光】图层，打开【不透明度】属性，单击【不透明度】左侧码表 ，在当前位置添加关键帧，将【不透明度】的值更改为0%。

⑩ 将时间调整到 0:00:00:10 帧的位置，将

【不透明度】数值更改为 100%。

图 7.5

⑪ 以同样方法每隔 10 帧更改一次不透明度数值，系统将自动添加关键帧，制作不透明度动画，如图 7.6 所示。

图 7.6

⑫ 这样就完成了最终整体效果制作，按小键盘上的 0 键即可在合成窗口中预览动画。

7.2 木板晃动效果制作

 实例解析

本例主要讲解木板晃动效果制作，木板左右摇摆的动画能够使整个画面看起来非常活泼，最终效果如图 7.7 所示。

图 7.7

知识点

旋转
不透明度

操作步骤

1 打开工程文件"工程文件\第 7 章\木板 .aep"。

2 在时间轴面板中，选中【木板】图层，选中工具箱中的【向后平移（锚点）工具】，在视图中将锚点向上移至木板绳子顶部位置，效果如图 7.8 所示。

图 7.8

3 在时间轴面板中，将时间调整到 0:00:00:00 帧的位置，选中【木板】图层，打开【旋转】属性，单击【旋转】左侧码表，在当前位置添加关键帧，将【旋转】数值更改为（0x+60.0°），如图 7.9 所示。

图 7.9

4 将时间调整到 0:00:01:00 帧的位置，将【旋转】数值更改为（0x-60.0°）；将时间调整到 0:00:02:00 帧的位置，将【旋转】数值更改为（0x+50.0°）。

图 7.10

5 将时间调整到 0:00:03:00 帧的位置，将【旋转】数值更改为（0x+0.0°），系统将自动添加关键帧，制作摆动动画，如图 7.10 所示。

图 7.11

6 选中所有旋转关键帧，执行菜单栏中的【动画】|【关键帧辅助】|【缓动】命令，如图 7.11 所示。

技巧　按 F9 键可快速为关键帧添加缓动效果。

7 在时间轴面板中，将时间调整到 0:00:03:00 帧的位置，选中【文案】图层，打开【不透明度】属性，单击【不透明度】左侧码表，在当前位置添加关键帧，将【不透明度】数值更改为 0%。

8 将时间调整到 0:00:04:00 帧的位置，将【不透明度】数值更改为 100%，系统将自动添加关键帧，如图 7.12 所示。

9 这样就完成了最终整体效果制作，按小

键盘上的 0 键即可在合成窗口中预览动画。

图 7.12

7.3 动感边框动画表现制作

 实例解析

本例主要讲解动感边框动画表现制作，通过绘制动画边框，同时为边框制作缩放动画以体现动感的立体动画效果，最终效果如图 7.13 所示。

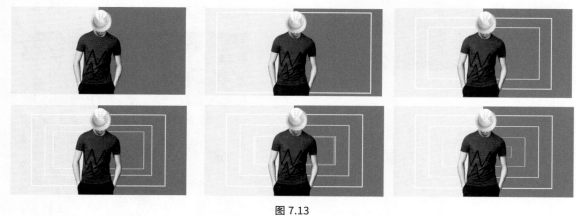

图 7.13

 知识点

矩形工具
缩放

视频讲解

 操作步骤

1 打开工程文件"工程文件 \ 第 7 章 \ 动感男装 .aep"。

2 选中工具箱中的【矩形工具】，绘制

1 个矩形，设置矩形【填充】为无，【描边】为白色，【描边宽度】的值为 3，将生成 1 个【形状图层 1】图层，效果如图 7.14 所示。

3 将【形状图层 1】图层移至【人物】图层下方。

图 7.14

④ 在时间轴面板中，选中【形状图层 1】图层，按 Ctrl+D 组合键复制出【形状图层 2】【形状图层 3】及【形状图层 4】3 个新图层，如图 7.15 所示。

图 7.15

⑤ 在时间轴面板中，将时间调整到 0:00:00:00 帧的位置，选中【形状图层 1】图层，打开【缩放】属性，单击【缩放】左侧码表 ，在当前位置添加关键帧，并将【缩放】的值更改为（150.0，150.0%）。

⑥ 将时间调整到 0:00:00:10 帧的位置，将【缩放】的值更改为（100.0，100.0%），系统将自动添加关键帧，制作缩放动画效果，如图 7.16 所示。

图 7.16

⑦ 在时间轴面板中，将时间调整到 0:00:00:10 帧的位置，选中【形状图层 2】图层，按 [键设置当前图层的动画入点，如图 7.17 所示。

技巧 为了方便观察动画效果，在为【形状图层 1】图层制作缩放动画时，可先将另外几个形状图层暂时隐藏。

图 7.17

⑧ 打开【缩放】属性，单击【缩放】的【约束比例】图标，再单击码表，在当前位置添加关键帧。

⑨ 将时间调整到 0:00:00:20 帧的位置，将【缩放】的值更改为（80.0，70.0%），系统将自动添加关键帧，制作缩放动画效果，如图 7.18 所示。

图 7.18

⑩ 在时间轴面板中，将时间调整到 0:00:00:20 帧的位置，选中【形状图层 3】图层，按 [键设置当前图层的动画入点，如图 7.19 所示。

图 7.19

11 在时间轴面板中，选中【形状图层 3】图层，打开【缩放】属性，单击【缩放】的【约束比例】图标，将【缩放】的值更改为（80.0，70.0%），再单击码表，在当前位置添加关键帧。

12 将时间调整到 0:00:01:05 帧的位置，将【缩放】的值更改为（60.0，40.0%），系统将自动添加关键帧，制作缩放动画，如图 7.20 所示。

图 7.20

13 在时间轴面板中，将时间调整到0:00:01:05 帧的位置，选中【形状图层 4】图层，按 [键设置当前图层的动画入点，如图 7.21 所示。

14 打开【缩放】属性，单击【缩放】的【约束比例】图标，将【缩放】的值更改为（60.0，

40.0%），再单击码表，在当前位置添加关键帧。

图 7.21

15 将时间调整到 0:00:01:15 帧的位置，将【缩放】的值更改为（40.0，15.0%），系统将自动添加关键帧，制作缩放动画，如图 7.22 所示。

图 7.22

16 这样就完成了最终整体效果制作，按小键盘上的 0 键即可在合成窗口中预览动画。

7.4 海鲜美食动画制作

 实例解析

本例主要讲解海鲜美食动画制作，本例中的动画制作分为两部分，首先为美食图像制作旋转动画，再为文字制作变色动画，最终效果如图 7.23 所示。

图 7.23

图 7.23（续）

知识点

旋转

色相 / 饱和度

视频讲解

操作步骤

1 打开工程文件"工程文件 \ 第 7 章 \ 海鲜美食 .aep"。

2 在时间轴面板中，将时间调整到 0:00:00:00 帧的位置，同时选中【菜】及【线框】图层，打开【旋转】属性，单击【旋转】左侧码表，在当前位置添加关键帧。

3 将时间调整到 0:00:04:24 帧的位置，将【菜】图层的【旋转】数值更改为（0x-30.0°），将【线框】图层的【旋转】数值更改为（0x+60.0°），系统将自动添加关键帧，制作旋转动画，如图 7.24 所示。

图 7.24

4 在时间轴面板中，将时间调整到 0:00:01:00 帧的位置，选中【红海鲜】图层，在【效果和预设】面板中展开【颜色校正】特效组，然后双击【色相 / 饱和度】特效。

5 在【效果控件】面板中，选中【彩色化】复选框，将【着色饱和度】的值更改为 0，将【着色亮度】的值更改为 -100，并分别单击它们左侧码表，在当前位置添加关键帧，如图 7.25 所示。

图 7.25

6 在时间轴面板中，将时间调整到 0:00:02:00 帧的位置，将【着色饱和度】的值更改为 70，将【着色亮度】的值更改为 0，系统将自动添加关键帧，如图 7.26 所示。

图 7.26

图 7.26（续）

图 7.27

7 在时间轴面板中，将时间调整到 0:00:01:00 帧的位置，选中【黑海鲜】图层，在【效果和预设】面板中展开【颜色校正】特效组，然后双击【色相/饱和度】特效。

8 在【效果控件】面板中，选中【彩色化】复选框，将【着色饱和度】的值更改为 68，将【着色亮度】的值更改为 38，并分别单击它们左侧码表 ，在当前位置添加关键帧，如图 7.27 所示。

9 在时间轴面板中，将时间调整到 0:00:02:00 帧的位置，将【着色饱和度】的值更改为 0，将【着色亮度】的值更改为 -100，系统将自动添加关键帧，如图 7.28 所示。

10 这样就完成了最终整体效果制作，按小键盘上的 0 键即可在合成窗口中预览动画。

图 7.28

7.5 旋转背景主题动画制作

实例解析

本例主要讲解旋转背景主题动画制作，通过绘制图形并为其添加旋转关键帧即可完成整体动画效果制作，最终效果如图 7.29 所示。

图 7.29

视频讲解

知识点

中继器
旋转
图层模式

操作步骤

1 打开工程文件"工程文件\第7章\狂欢.aep"。

2 执行菜单栏中的【合成】|【新建合成】命令，打开【合成设置】对话框，设置【合成名称】为"旋转图形"，【宽度】的值为1500，【高度】的值为1500，【帧速率】的值为25，并设置【持续时间】为0:00:05:00，【背景颜色】为白色，完成之后单击【确定】按钮，如图7.30所示。

图 7.30

3 选中工具箱中的【矩形工具】 ■，在画布左侧位置绘制1个细长矩形，设置矩形的【填充】为黑色，【描边】为无，效果如图7.31所示。

4 在时间轴面板中，选中【形状图层1】图层，将其展开，单击 添加: ● 按钮，在弹出的菜单中选择【中继器】。

5 展开【中继器1】中的【变换：中继器1】，将【位置】的值更改为（26.0，0.0），如图7.32所示。

图 7.31

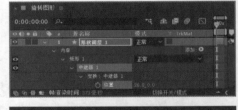

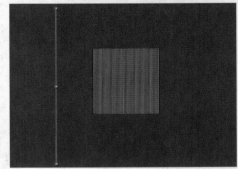

图 7.32

6 在时间轴面板中，选中【形状图层1】图层，在【效果和预设】面板中展开【扭曲】特效组，然后双击【极坐标】特效。

7 在【效果控件】面板中，设置【转换类型】为【矩形到极线】，【插值】的值为100.0%，如图7.33所示。

8 在时间轴面板中，选中【形状图层1】图层，在【效果和预设】面板中展开【扭曲】特效组，然后双击【旋转扭曲】特效。

9 在【效果控件】面板中，将【角度】的值更改为（0x+30.0°），将【旋转扭曲半径】的值更改为50.0，如图7.34所示。

图7.33

10 在【项目】面板中，选中【旋转图形】合成，将其拖至【狂欢】合成的时间轴面板中，并将其移至【主体内容】图层下方。

11 选中【旋转图形】图层，将其图层【模式】更改为【柔光】，再打开【不透明度】属性，将【不透明度】的值更改为50%，如图7.35所示。

12 在时间轴面板中，选中【旋转图形】图层，将时间调整到0:00:00:00帧的位置，打开【旋转】

属性，单击【旋转】左侧码表 ，在当前位置添加关键帧；将时间调整到0:00:04:24帧的位置，将【旋转】数值更改为（0x+100.0°），系统将自动添加关键帧，制作出旋转动画，如图7.36所示。

图7.34

图7.35

图 7.36

13 这样就完成了最终整体效果制作，按小键盘上的 0 键即可在合成窗口中预览动画。

7.6　精美画中画动效制作

 实例解析

本例主要讲解精美画中画动效制作，在制作过程中为图像添加不透明度效果即可完成画中画动效，最终效果如图 7.37 所示。

图 7.37

知识点

不透明度

视频讲解

操作步骤

1 打开工程文件"工程文件 \ 第 7 章 \ 电视画面 .aep"。

2 在时间轴面板中，选中【屏幕】图层，将时间调整到 0:00:00:00 帧的位置，打开【不透明度】属性，单击【不透明度】左侧码表，在当前位置添加关键帧；将时间调整到 0:00:04:00 帧的位置，将【不透明度】的值更改为 0%，系统将自动添加关键帧，如图 7.38 所示。

3 在时间轴面板中，选中【屏幕 2】图层，将时间调整到 0:00:00:00 帧的位置，打开【不透明度】属性，单击【不透明度】左侧码表，在当前位置添加关键帧，将【不透明度】的值更改为 0%；将时间调整到 0:00:04:00 帧的位置，将【不透明度】的值更改为 100%，系统将自动添加关键帧，如图 7.39 所示。

图 7.38

图 7.39

4 这样就完成了最终整体效果制作，按小键盘上的 0 键即可在合成窗口中预览动画。

7.7 动感栅格动效制作

 实例解析

本例主要讲解动感栅格动效制作，在制作过程中主要用到了摇摆器，最终效果如图 7.40 所示。

图 7.40

 知识点

位置
摇摆器

 操作步骤

1 打开工程文件"工程文件 \ 第 7 章 \ 女王节 .aep"。

2 在时间轴面板中，选中【女王节 .jpg】

图层，按 Ctrl+D 组合键复制出 1 个新图层，并将其重命名为"女王节 2"，如图 7.41 所示。

3 在【女王节 2】图层名称上单击右键，在弹出的菜单中选择【变换】|【水平翻转】选项。

图 7.41

4 打开【不透明度】属性，将图层【不透明度】的值更改为 50%，如图 7.42 所示。

图 7.42

5 执行菜单栏中的【合成】|【新建合成】命令，打开【合成设置】对话框，设置【合成名称】为"栅格图形"，【宽度】的值为 870，【高度】的值为 397，【帧速率】的值为 25，并设置【持续时间】为 0:00:05:00，【背景颜色】为黑色，完成之后单击【确定】按钮，如图 7.43 所示。

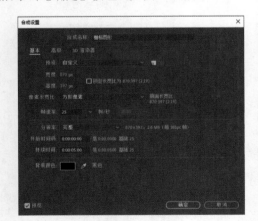

图 7.43

6 执行菜单栏中的【图层】|【新建】|【纯色】命令，在弹出的对话框中将【名称】更改为"白条"，将【颜色】更改为白色，完成之后单击【确定】按钮。

7 在时间轴面板中，选中【白条】图层。

8 打开【缩放】属性，单击【缩放】的【约束比例】图标 ，将【白条】中的【缩放】数值更改为（22.0，100.0%），如图 7.44 所示。

图 7.44

9 在【项目】面板中，选中【栅格图形】合成，将其拖至时间轴面板中。

10 选中【栅格图形】图层，在视图中将其平移至靠左侧位置，将时间调整到 0:00:00:00 帧的位置，打开【位置】属性，单击【位置】左侧码表 ，在当前位置添加关键帧，如图 7.45 所示。

图 7.45

11 将时间调整到 0:00:04:24 帧的位置，拖动图形，系统将自动添加关键帧，制作出位置动画，如图 7.46 所示。

12 在时间轴面板中，选中【栅格图形】图层中的【位置】关键帧，执行菜单栏中的【窗口】|【摇摆器】命令，在弹出的【摇摆器】面板中，将【维

数】更改为 X，将【数量级】的值更改为 100.0，完成之后单击【应用】按钮，如图 7.47 所示。

图 7.46

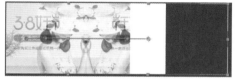

图 7.47

 技巧 应用【摇摆器】之后可看到图形的关键帧变化。

13 在时间轴面板中，选中【栅格图形】图层，在【效果和预设】面板中展开【透视】特效组，然后双击【投影】特效。

14 在【效果控件】面板中，将【距离】的值更改为 8.0，如图 7.48 所示。

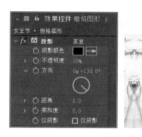

图 7.48

15 在时间轴面板中，选中【女王节 2】图层，将其图层【轨道遮罩】更改为【1. 栅格图形】，如图 7.49 所示。

图 7.49

16 这样就完成了最终整体效果制作，按小键盘上的 0 键即可在合成窗口中预览动画。

7.8 水果旋转动效制作

 实例解析

本例主要讲解水果旋转动效制作，分别为圆环和水果图像制作旋转动画即可完成整体动效制作，最终效果如图 7.50 所示。

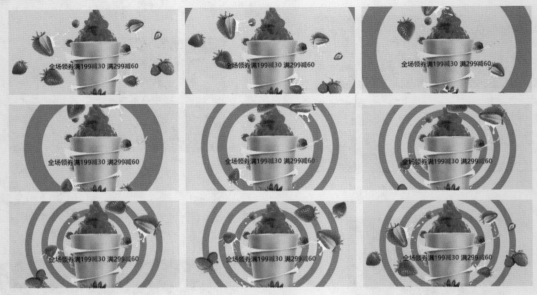

图 7.50

 知识点

旋转
缩放

视频讲解

 操作步骤

① 打开工程文件"工程文件 \ 第 7 章 \ 水果 .aep"。

② 在时间轴面板中，选中【草莓】图层，选中工具箱中的【向后平移（锚点）工具】，将草莓图像的中心点移至整个图像中心位置，如图 7.51 所示。

③ 在时间轴面板中，选中【草莓】图层，将时间调整到 0:00:00:00 帧的位置，打开【旋转】属性，单击【旋转】左侧码表 ，在当前位置添加关键帧。

图 7.51

④ 将时间调整到 0:00:04:24 帧的位置，将【旋转】数值更改为（1x+0.0°），系统将自动添加关键帧，制作旋转动画效果，如图 7.52 所示。

⑤ 以同样方法分别选中其他几个草莓图层，在图像中更改中心点位置并制作旋转动画，如

图 7.53 所示。

图 7.52

图 7.53

6 在时间轴面板中，选中【椭圆1】图层，将时间调整到 0:00:00:00 帧的位置，打开【缩放】属性，单击【缩放】左侧码表，在当前位置添加关键帧，并将【缩放】的值更改为（200.0，200.0%），如图 7.54 所示。

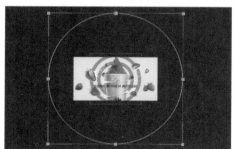

图 7.54

7 将时间调整到 0:00:01:00 帧的位置，将【缩放】的值更改为（100.0，100.0%），系统将自动添加关键帧，制作缩放动画效果，如图 7.55 所示。

图 7.55

8 在时间轴面板中，选中【椭圆2】图层，将时间调整到 0:00:00:00 帧的位置，打开【缩放】属性，单击【缩放】左侧码表，在当前位置添加关键帧，并将【缩放】的值更改为（220.0，220.0%）。

9 将时间调整到 0:00:01:10 帧的位置，将【缩放】的值更改为（100.0，100.0%），系统将自动添加关键帧，制作缩放动画效果，如图 7.56 所示。

图 7.56

10 在时间轴面板中，选中【椭圆3】图层，将时间调整到 0:00:00:00 帧的位置，打开【缩放】属性，单击【缩放】左侧码表，在当前位置添加关键帧，并将【缩放】的值更改为（350.0，350.0%）。

11 将时间调整到 0:00:01:20 帧的位置，将【缩放】的值更改为（100.0，100.0%），系统将自动添加关键帧，制作缩放动画效果，如图 7.57 所示。

12 这样就完成了最终整体效果制作，按小键盘上的 0 键即可在合成窗口中预览动画。

图 7.57

7.9 翻滚动效制作

实例解析

本例主要讲解翻滚动效制作，只需要打开图层的 3D 显示模式并添加旋转关键帧即可，最终效果如图 7.58 所示。

图 7.58

知识点

位置
旋转

视频讲解

操作步骤

1 打开工程文件"工程文件 \ 第 7 章 \ 手机 .aep"。

2 在时间轴面板中，选中除【背景】之外的 3 个图层，单击【3D 图层】图标 ⬚，打开 3D 显示，并将【手机】及【手机 2】图层暂时隐藏，如图 7.59

所示。

3 选中【手机 3】图层，在视图中将其平移至靠左侧位置，将时间调整到 0:00:00:00 帧的位置，打开【位置】属性，单击【位置】左侧码表 ⬚，在当前位置添加关键帧，如图 7.60 所示。

图 7.59

图 7.60

4 将时间调整到 0:00:02:00 帧的位置，将手机图像向右侧平移，系统将自动添加关键帧，制作出位置动画，如图 7.61 所示。

图 7.61

5 将【手机 2】图层显示出来，在图像中将其平移至靠左侧位置，将时间调整到 0:00:00:10

帧的位置，打开【位置】属性，单击【位置】左侧码表，在当前位置添加关键帧，如图 7.62 所示。

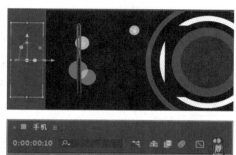

图 7.62

6 将时间调整到 0:00:02:10 帧的位置，将手机图像向右侧平移，系统将自动添加关键帧，制作出位置动画，如图 7.63 所示。

图 7.63

7 将【手机】图层显示出来，以同样方法，在视图中将其平移至靠左侧位置，并以 0:00:00:20 帧的位置为起点，以 0:00:02:20 帧的位置为终点，制作出类似的位置动画效果，如图 7.64 所示。

图 7.65

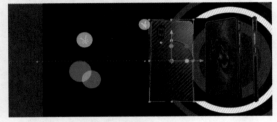

图 7.64

8 在时间轴面板中，选中【手机 2】图层，将时间调整到 0:00:00:10 帧的位置，打开【旋转】属性，单击【Y 轴旋转】左侧码表，在当前位置添加关键帧。

9 将时间调整到 0:00:01:10 帧的位置，将【旋转】的值更改为（0x+180.0°）；将时间调整到 0:00:02:10 帧的位置，将【旋转】的值更改为（1x+0.0°），系统将自动添加关键帧，制作旋转动画效果，如图 7.65 所示。

10 在时间轴面板中，选中【手机】图层，将时间调整到 0:00:00:20 帧的位置，打开【旋转】属性，单击【Y 轴旋转】左侧码表，在当前位置添加关键帧。

11 将时间调整到 0:00:01:20 帧的位置，将【旋转】的值更改为（0x+180.0°）；将时间调整到 0:00:02:20 帧的位置，将【旋转】的值更改为（1x+0.0°），系统将自动添加关键帧，制作旋转动画效果，如图 7.66 所示。

图 7.66

12 这样就完成了最终整体效果制作，按小键盘上的 0 键即可在合成窗口中预览动画。

7.10　对比动效制作

　实例解析

本例主要讲解对比动效制作，在制作过程中为合成中的图层制作出透明度及位置动画即可完成对比动效制作，最终效果如图 7.67 所示。

图 7.67

图 7.67（续）

 知识点

不透明度
位置

视频讲解

 操作步骤

① 打开工程文件"工程文件 \ 第 7 章 \ 对比图 .aep"。

② 在时间轴面板中，选中【顶部】图层，将时间调整到 0:00:00:00 帧的位置，打开【不透明度】属性，单击【不透明度】左侧码表，在当前位置添加关键帧，并将【不透明度】的值更改为 0%。

③ 将时间调整到 0:00:01:00 帧的位置，将【不透明度】的值更改为 100%，系统将自动添加关键帧，制作出不透明度动画，如图 7.68 所示。

图 7.68

④ 在时间轴面板中，选中【左侧】图层，在视图中将其向左侧平移至画布之外区域，再将时间调整到 0:00:01:00 帧的位置，打开【位置】属性，单击【位置】左侧码表，在当前位置添加关键帧。

⑤ 将时间调整到 0:00:01:10 帧的位置，将图像向右侧平移，系统将自动添加关键帧，制作出位置动画，如图 7.69 所示。

图 7.69

⑥ 在时间轴面板中，选中【右侧】图层，用同样方法以 0:00:01:00 帧的位置为起点，以 0:00:01:10 帧的位置为终点，制作位置动画，如图 7.70 所示。

图 7.70

7 这样就完成了最终整体效果制作，按小键盘上的 0 键即可在合成窗口中预览动画。

7.11 旋转动效制作

 实例解析

本例主要讲解旋转动效制作，本例只需要利用旋转关键帧即可完成整个效果制作，最终效果如图 7.71 所示。

图 7.71

视频讲解

 知识点

旋转

 操作步骤

1 打开工程文件"工程文件 \ 第 7 章 \ 电吹风 .aep"。

2 在时间轴面板中，选中【电吹风】图层，选中工具箱中的【向后平移（锚点）工具】，在视图中将图像中心点移至电吹风顶部中心位置，如图 7.72 所示。

图 7.72

3 在时间轴面板中，选中【电吹风】图层，将时间调整到 0:00:00:00 帧的位置，打开【旋转】属性，单击【旋转】左侧码表⬚，在当前位置添加关键帧。

4 将时间调整到 0:00:02:00 帧的位置，将【旋转】的值更改为（0x+180.0°）；将时间调整到 0:00:04:24 帧的位置，将【旋转】的值更改为（3x+0.0°），系统将自动添加关键帧，制作出旋转动画，如图 7.73 所示。

5 这样就完成了最终整体效果制作，按小键盘上的 0 键即可在合成窗口中预览动画。

图 7.73

7.12 滚动幕布动画制作

 实例解析

本例主要讲解滚动幕布动画制作，主要用到蒙版路径并结合路径动画即可实现，最终效果如图 7.74 所示。

图 7.74

 知识点

蒙版路径

视频讲解

操作步骤

1 打开工程文件"工程文件 \ 第 7 章 \ 滚动幕布 .aep"。

2 选中工具箱中的【矩形工具】，选中【左】图层，在图像中顶部位置绘制 1 个矩形蒙版，将部分图像隐藏，如图 7.75 所示。

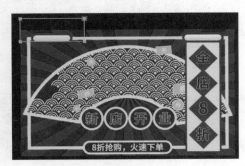

图 7.75

3 在时间轴面板中，选中【左】图层，将其展开，将时间调整到 0:00:00:00 帧的位置，单击【蒙版】|【蒙版 1】|【蒙版路径】左侧码表，在当前位置添加关键帧，如图 7.76 所示。

图 7.76

4 将时间调整到 0:00:02:00 帧的位置，同

时选中蒙版路径左下角及右下角锚点并向图像底部方向拖动，系统将自动添加关键帧，如图 7.77 所示。

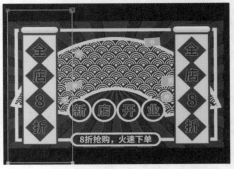

图 7.77

5 以同样方法为【右】图层中的图像制作类似的动画效果，如图 7.78 所示。

图 7.78

6 这样就完成了最终整体效果制作，按小键盘上的 0 键即可在合成窗口中预览动画。

7.13 压缩文字动效制作

实例解析

本例主要讲解压缩文字动效制作，在制作过程中将文字动画与跳动的小兔动画相结合，整个动画效果既形象又可爱，最终效果如图 7.79 所示。

图 7.79

视频讲解

知识点

缩放
位置

操作步骤

1 打开工程文件"工程文件 \ 第 7 章 \ 年货背景 .aep"。

2 在时间轴面板中，选中【小兔】图层，将时间调整到 0:00:00:00 帧的位置，打开【位置】属性，单击【位置】左侧码表 ，在当前位置添加关键帧，如图 7.80 所示。

图 7.80

3 将时间调整到 0:00:00:15 帧的位置，在视图中拖动小兔，系统将自动添加关键帧，如图 7.81 所示。

图 7.81

4 以同样方法分别在 0:00:01:05、0:00:01:19、0:00:01:22、0:00:02:09 等帧的位置拖动小兔，制作出小兔跳动动画效果，如图 7.82 所示。

图 7.82

图 7.85

5 在时间轴面板中，选中【全】图层，选中工具箱中的【向后平移（锚点）工具】🔲，在图像中将文字中心点移至文字底部位置，如图 7.83 所示。

图 7.83

图 7.86

9 在时间轴面板中，选中【场】图层，将时间调整到 0:00:01:00 帧的位置，打开【缩放】属性，然后单击【缩放】的【约束比例】图标🔗，取消约束比例，然后单击【缩放】左侧码表🕐，在当前位置添加关键帧，如图 7.87 所示。

6 在时间轴面板中，选中【全】图层，将时间调整到 0:00:00:10 帧的位置，打开【缩放】属性，单击【缩放】的【约束比例】图标🔗，取消约束比例，然后单击【缩放】左侧码表🕐，在当前位置添加关键帧，如图 7.84 所示。

图 7.87

图 7.84

10 将时间调整到 0:00:01:04 帧的位置，将【缩放】的值更改为（100.0，10.0%）；将时间调整到 0:00:01:10 帧的位置，将【缩放】的值更改为（100.0，100.0%），系统将自动添加关键帧，如图 7.88 所示。

7 将时间调整到 0:00:00:15 帧的位置，将【缩放】的值更改为（100.0，10.0%）；将时间调整到 0:00:00:20 帧的位置，将【缩放】的值更改为（100.0，100.0%），系统将自动添加关键帧，如图 7.85 所示。

图 7.88

8 在时间轴面板中，选中【场】图层，选中工具箱中的【向后平移（锚点）工具】🔲，在图像中将文字中心点移至文字底部位置，如图 7.86 所示。

11 在时间轴面板中，选中【五】图层，选中工具箱中的【向后平移（锚点）工具】，在图像中将文字中心点移至文字底部位置，效果如图 7.89 所示。

图 7.89

12 在时间轴面板中，选中【五】图层，将时间调整到 0:00:01:13 帧的位置，打开【缩放】属性，单击【缩放】的【约束比例】图标，取消约束比例，然后单击【缩放】左侧码表，在当前位置添加关键帧，如图 7.90 所示。

图 7.90

13 将时间调整到 0:00:01:19 帧的位置，将【缩放】的值更改为（100.0，10.0%）；将时间调整到 0:00:02:01 帧的位置，将【缩放】的值更改为（100.0，100.0%），系统将自动添加关键帧，如图 7.91 所示。

图 7.91

14 在时间轴面板中，选中【折】图层，选中工具箱中的【向后平移（锚点）工具】，在

图像中将文字中心点移至文字底部位置，效果如图 7.92 所示。

图 7.92

15 在时间轴面板中，选中【折】图层，将时间调整到 0:00:02:02 帧的位置，打开【缩放】属性，单击【缩放】的【约束比例】图标，取消约束比例，然后单击【缩放】左侧码表，在当前位置添加关键帧，如图 7.93 所示。

图 7.93

16 将时间调整到 0:00:02:09 帧的位置，将【缩放】的值更改为（100.0, 10.0%）；将时间调整到 0:00:02:15 帧的位置，将【缩放】的值更改为（100.0,100.0%），系统将自动添加关键帧，如图 7.94 所示。

图 7.94

17 这样就完成了最终整体效果制作，按小键盘上的 0 键即可在合成窗口中预览动画。

7.14 开幕式动效制作

 实例解析

本例主要讲解开幕式动效制作，利用分形杂色作为效果控件，通过添加位置及缩放动画即可完成整个动效制作，最终效果如图 7.95 所示。

图 7.95

知识点

分形杂色
位置

 操作步骤

7.14.1 制作幕布动画

① 打开工程文件"工程文件 \ 第 7 章 \ 年货节 .aep"。

② 执行菜单栏中的【合成】|【新建合成】命令，打开【合成设置】对话框，设置【合成名称】为"幕布"，【宽度】的值为 900，【高度】的值为 420，【帧速率】的值为 25，并设置【持续时间】为 0:00:05:00，如图 7.96 所示。

图 7.96

③ 执行菜单栏中的【图层】|【新建】|【纯

色】命令，在弹出的对话框中将【名称】更改为"幕布"，将【颜色】更改为白色，完成之后单击【确定】按钮。

4 在时间轴面板中，选中【幕布】图层，在【效果和预设】面板中展开【杂色和颗粒】特效组，然后双击【分形杂色】特效。

5 在【效果控件】面板中，将【对比度】的值更改为250.0，将【亮度】的值更改为-14.0，将【溢出】更改为【反绕】，如图7.97所示。

图 7.97

6 展开【变换】选项组，取消选中【统一缩放】复选框，将【缩放宽度】的值更改为20.0，将【缩放高度】的值更改为600.0，将【复杂度】的值更改为2.0。将时间调整到0:00:00:00帧的位置，单击【演化】左侧码表，在当前位置添加关键帧，如图7.98所示。

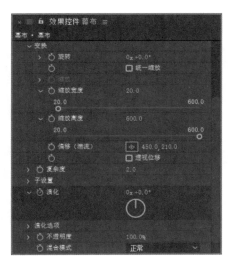

图 7.98

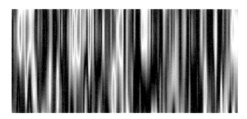

图 7.98（续）

7 在时间轴面板中，将时间调整到0:00:04:24帧的位置，将【演化】的值更改为（2x+0.0°），系统将自动添加关键帧，如图7.99所示。

图 7.99

 技巧　**更改演化数值之后可预览幕布动画。**

7.14.2　调整幕布色彩

1 执行菜单栏中的【图层】|【新建】|【纯色】命令，在弹出的对话框中将【名称】更改为"颜色"，将【颜色】更改为红色（R:255，G:0，B:0），完成之后单击【确定】按钮。

2 在时间轴面板中，选中【颜色】图层，将其图层【模式】更改为【变暗】，如图7.100所示。

图 7.100

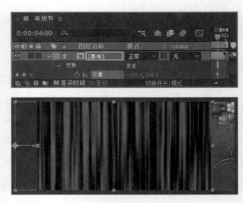

图 7.103

③ 打开【年货节】合成，在【项目】面板中选中【幕布】合成，将其拖至当前合成时间轴面板中。

④ 选中【幕布】图层，按 Ctrl+D 组合键复制出 1 个【幕布 2】新图层，并将【幕布 2】图层暂时隐藏，如图 7.101 所示。

图 7.101

⑤ 选中【幕布】图层，将时间调整到 0:00:00:00 帧的位置，打开【位置】属性，单击【位置】左侧码表，在当前位置添加关键帧，如图 7.102 所示。

图 7.102

⑥ 将时间调整到 0:00:04:00 帧的位置，将图像向左侧适当拖动，系统将自动添加关键帧，制作出位置动画，如图 7.103 所示。

⑦ 在时间轴面板中，将时间调整到 0:00:00:00 帧的位置，选中【幕布】图层，打开【缩放】属性，单击【缩放】的【约束比例】图标，取消约束比例，单击【缩放】左侧码表，在当前位置添加关键帧，如图 7.104 所示。

图 7.104

⑧ 将时间调整到 0:00:04:00 帧的位置，将【缩放】的值更改为（20.0，100.0%），系统将自动添加关键帧，如图 7.105 所示。

图 7.105

9 使【幕布2】图层显示出来，以上述同样方法为当前图层制作位置及缩放动画，如图7.106所示。

图 7.106

图 7.106（续）

10 这样就完成了最终整体效果制作，按小键盘上的 0 键即可在合成窗口中预览动画。

7.15 母亲节主题动画制作

 实例解析

本例主要讲解母亲节主题动画制作，通过绘制心形并为其制作动画，再为玫瑰花制作出透明度动画即可完成整个动画效果，最终效果如图7.107所示。

图 7.107

 知识点

位置
旋转
缩放
不透明度

视频讲解

操作步骤

7.15.1 制作位置动画

① 打开工程文件"工程文件 \ 第 7 章 \ 母亲节 .aep"。

② 选中工具箱中的【钢笔工具】，在图像中绘制 1 个心形，并设置图形【填充】为红色（R:236，G:108，B:108），【描边】为无，将生成 1 个【形状图层 1】图层，效果如图 7.108 所示。

图 7.108

③ 在时间轴面板中，选中【形状图层 1】图层，按 Ctrl+D 组合键复制出 1 个新图层，并分别将两个图层名称更改为【大心形】【小心形】，先将【小心形】图层暂时隐藏，如图 7.109 所示。

图 7.109

④ 在时间轴面板中，选中【大心形】图层，在视图中将其向左上角方向移至画布之外区域，效果如图 7.110 所示。

⑤ 在时间轴面板中，选中【大心形】图层，将时间调整到 0:00:00:00 帧的位置，打开【位置】属性，单击【位置】左侧码表，在当前位置添加

关键帧，如图 7.111 所示。

图 7.110

图 7.111

⑥ 将时间调整到 0:00:02:00 帧的位置，在图像中拖动大心形，系统将自动添加关键帧，如图 7.112 所示。

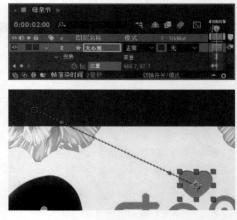

图 7.112

⑦ 在图像中拖动位置动画控制杆，调整位置动画路径，如图 7.113 所示。

图 7.113

7.15.2 添加旋转动画

① 在时间轴面板中，选中【大心形】图层，将时间调整到 0:00:00:00 帧的位置，打开【旋转】属性，单击【旋转】左侧码表，在当前位置添加关键帧，如图 7.114 所示。

图 7.114

② 将时间调整到 0:00:01:00 帧的位置，将【旋转】的值更改为（0x-10.0°）；将时间调整到 0:00:02:00 帧的位置，将【旋转】的值更改为（0x-30.0°），系统将自动添加关键帧，如图 7.115 所示。

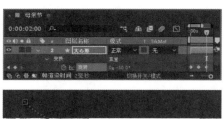

图 7.115

③ 在时间轴面板中，选中【大心形】图层，

将时间调整到 0:00:00:00 帧的位置，打开【缩放】属性，单击【缩放】左侧码表，在当前位置添加关键帧，并将【缩放】的值更改为（60.0，60.0%）。

④ 将时间调整到 0:00:02:00 帧的位置，将【缩放】的值更改为（100.0，100.0%），系统将自动添加关键帧，制作缩放动画效果，如图 7.116 所示。

图 7.116

⑤ 在时间轴面板中，选中【小心形】图层，在视图中将其向右上角方向移至画布之外区域，如图 7.117 所示。

图 7.117

⑥ 以同样方法为小心形制作位置、旋转及缩放动画，如图 7.118 所示。

图 7.118

在为小心形制作动画时，应从
0:00:02:00 帧的位置开始制作。

7 在时间轴面板中，选中【玫瑰花】图层，将时间调整到0:00:00:00帧的位置，打开【不透明度】属性，单击【不透明度】左侧码表，在当前位置添加关键帧，并将【不透明度】的值更改为0%。

8 将时间调整到0:00:04:00帧的位置，将【不透明度】的值更改为100%，系统将自动添加

关键帧，制作不透明度动画，如图7.119所示。

图 7.119

9 这样就完成了最终整体效果制作，按小键盘上的0键即可在合成窗口中预览动画。

7.16 气泡对话动效制作

实例解析

本例主要讲解气泡对话动效制作，在制作过程中利用原有的图像素材，先移动定位点，再为图像添加缩放动画，最后添加相关文字信息，从而完成整个动效制作，最终效果如图7.120所示。

图 7.120

知识点
缩放
文字工具

视频讲解

操作步骤

7.16.1 打造图形动画

1 打开工程文件"工程文件 \ 第 7 章 \ 空气炸锅广告 .aep"。

2 在时间轴面板中，选中【气泡】图层，按 Ctrl+D 组合键复制出【气泡 2】【气泡 3】及【气泡 4】3 个新图层，并将复制生成的 3 个图层暂时隐藏，如图 7.121 所示。

图 7.121

3 在时间轴面板中，选中【气泡】图层，选中工具箱中的【向后平移（锚点）工具】，在视图中将气泡图像中心定位点移至底部位置，如图 7.122 所示。

图 7.122

4 将时间调整到 0:00:00:05 帧的位置，打开【缩放】属性，单击【缩放】左侧码表，在当前位置添加关键帧，并将【缩放】的值更改为（0.0，0.0%）。

5 将时间调整到 0:00:00:20 帧的位置，将【缩放】的值更改为（100.0，100.0%），系统将自动添加关键帧，制作缩放动画效果，如图 7.123

所示。

图 7.123

7.16.2 添加文字动画

1 选中工具箱中的【横排文字工具】，在图像中输入文字（方正正粗黑简体），效果如图 7.124 所示。

2 在时间轴面板中，选中【烤年糕】图层，选中工具箱中的【矩形工具】，在文字底部位置绘制 1 个矩形蒙版路径，将当前图层中的文字隐藏，效果如图 7.125 所示。

图 7.124　　　　图 7.125

3 在时间轴面板中，将时间调整到 0:00:00:15 帧的位置，选中【烤年糕】图层，将其展开，单击【蒙版】|【蒙版 1】|【蒙版路径】左侧码表，在当前位置添加关键帧，如图 7.126 所示。

图 7.126

4 将时间调整到 0:00:01:00 帧的位置，同时选中蒙版左上角及右上角锚点并向顶部拖动，系统将自动添加关键帧，制作出动画效果，如图 7.127 所示。

图 7.127

5 在时间轴面板中，选中【气泡 2】图层，在视图中将其向右下角方向移动，效果如图 7.128 所示。

6 在时间轴面板中，在【气泡 2】图层名称上单击右键，在弹出的菜单中选择【变换】|【水平翻转】选项，效果如图 7.129 所示。

图 7.128   图 7.129

> 😊 将图像翻转之后可适当调整图像位置，
> 技巧 尽量避免遮挡食物图像。

7 选中工具箱中的【向后平移（锚点）工具】，在视图中将气泡图像中心定位点移至底部位

置，如图 7.130 所示。

图 7.130

8 将时间调整到 0:00:00:10 帧的位置，打开【缩放】属性，单击【缩放】左侧码表，在当前位置添加关键帧，并将【缩放】的值更改为（0.0，0.0%）。

9 将时间调整到 0:00:01:00 帧的位置，将【缩放】的值更改为（-100.0，100.0%），系统将自动添加关键帧，制作缩放动画效果，如图 7.131 所示。

图 7.131

10 选中工具箱中的【横排文字工具】，在图像中输入文字（方正正粗黑简体），如图 7.132 所示。

11 在时间轴面板中，选中【炸薯条】图层，选中工具箱中的【矩形工具】，在文字底部位置绘制 1 个矩形蒙版路径，将当前图层中的文字隐藏，效果如图 7.133 所示。

图 7.132   图 7.133

12 以上述同样方法为文字制作蒙版动画，如图 7.134 所示。

图 7.134

13 以同样方法分别为【气泡 3】及【气泡 4】图层制作缩放动画并在输入文字后制作文字动画，如图 7.135 所示。

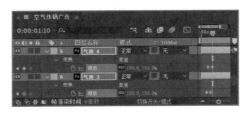

图 7.135

图 7.135（续）

14 这样就完成了最终整体效果制作，按小键盘上的 0 键即可在合成窗口中预览动画。

第 8 章

大牌商品表现力动效制作

内容摘要

本章主要讲解大牌商品表现力动效制作。大牌商品广告是电商广告中非常重要的组成部分，整个广告的制作以表现商品的特征为主。本章在讲解过程中列举了喜庆年货节动效制作、全民狂欢动效制作、促销献礼动效制作、儿童节广告动效制作、会员节商品宣传动效制作等实例，通过对这些实例的学习，读者可以掌握大牌商品表现力动效制作的大部分内容。

教学目标

◉ 掌握喜庆年货节动效制作　　◉ 了解全民狂欢动效制作　　◉ 学习促销献礼动效制作

◉ 学会儿童节广告动效制作　　◉ 了解会员节商品宣传动效制作

8.1 喜庆年货节动效制作

 实例解析

本例主要讲解喜庆年货节动效制作，主要用到位置、线性擦除等功能，整个制作过程比较简单，最终效果如图 8.1 所示。

图 8.1

 知识点

位置
线性擦除
旋转

视频讲解

 操作步骤

8.1.1 制作图像旋转动画

① 打开工程文件"工程文件 \ 第 8 章 \ 年货节 .aep"。

② 在时间轴面板中，选中【左圆圈】图层，打开【旋转】属性，按住 Alt 键并单击【旋转】左侧码表 ，输入 time*50，为当前图层添加旋转动画，

如图 8.2 所示。

图 8.2

③ 以同样方法，选中【左圆圈 2】图层，打开【旋转】属性，按住 Alt 键并单击【旋转】左

侧码表，输入 time*30，为当前图层添加旋转动画，如图 8.3 所示。

图 8.3

④ 以同样方法分别为【右圆圈】及【右圆圈 2】图层制作旋转动画，如图 8.4 所示。

图 8.4

8.1.2 打造门位置动画

① 在时间轴面板中，选中【左侧门】图层，将时间调整到 0:00:00:10 帧的位置，打开【位置】属性，单击【位置】左侧码表，在当前位置添加关键帧，如图 8.5 所示。

图 8.5

② 将时间调整到 0:00:03:00 帧的位置，将图像向左侧拖动，制作出开门动画效果，如图 8.6 所示。

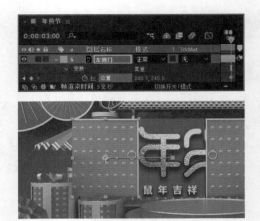

图 8.6

③ 在时间轴面板中，选中【右侧门】图层，将时间调整到 0:00:00:10 帧的位置，以同样方法为其制作位置动画效果，结果如图 8.7 所示。

图 8.7

8.1.3 制作文字动画

① 在时间轴面板中，同时选中【鼠年吉祥 迎新狂欢】及【年货节】图层，将时间调整到 0:00:00:10 帧的位置，打开【缩放】属性，单击【缩放】左侧码表，在当前位置添加关键帧，并将【缩放】的值更改为（60.0，60.0%），如图 8.8 所示。

图 8.8

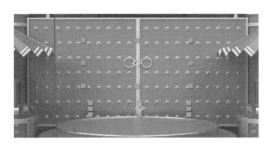

图 8.8（续）

2 将时间调整到 0:00:03:00 帧的位置，将【缩放】的值更改为（100.0，100.0%），系统将自动添加关键帧，制作缩放动画效果，如图 8.9 所示。

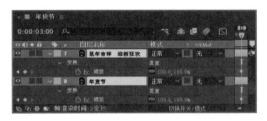

图 8.9

3 执行菜单栏中的【图层】|【新建】|【纯色】命令，在弹出的对话框中将【名称】更改为"高光"，将【颜色】更改为白色，完成之后单击【确定】按钮，如图 8.10 所示。

图 8.10

4 选中工具箱中的【钢笔工具】 ，在时间轴面板中将时间调整到 0:00:03:00 帧的位置，选中【高光】图层，在图像中的文字位置绘制 1 个蒙版路径，如图 8.11 所示。

图 8.11

技巧 将时间调整到 0:00:03:00 帧的位置再绘制蒙版路径是为了更好地观察蒙版路径的位置与文字位置的关系。

5 在时间轴面板中，将时间调整到 0:00:03:00 帧的位置，选中【高光】图层，将其展开，单击【蒙版】|【蒙版 1】|【蒙版路径】左侧码表 ，在当前位置添加关键帧，如图 8.12 所示。

图 8.12

6 在时间轴面板中，将时间调整到 0:00:04:00 帧的位置，选中蒙版路径，将其向右侧平移，系统将自动添加关键帧，如图 8.13 所示。

图 8.13

图 8.13（续）

7　在时间轴面板中，选中【高光】图层，将其拖至【年货节】图层上方，再选中【年货节】图层，按 Ctrl+D 组合键复制出 1 个【年货节 2】图层，并将【年货节 2】图层移至【高光】图层上方，如图 8.14 所示。

图 8.14

8　选中【高光】图层，将其图层【轨道遮罩】更改为【8.年货节 2】，如图 8.15 所示。

图 8.15

9　在时间轴面板中，选中【高光】图层，按 F 键打开【蒙版羽化】，将【蒙版羽化】的值更改为（10.0，10.0），再将图层【模式】更改为【叠加】，如图 8.16 所示。

图 8.16

8.1.4　对文字动画进行调整

1　在时间轴面板中，同时选中【左侧门】及【右侧门】图层，将它们暂时隐藏。

2　选中【年货节】图层，在【效果和预设】面板中展开【颜色校正】特效组，然后双击【曲线】特效。

3　将时间调整到 0:00:00:10 帧的位置，在【效果控件】面板中调整曲线，降低文字亮度，单击【曲线】左侧码表，在当前位置添加关键帧，如图 8.17 所示。

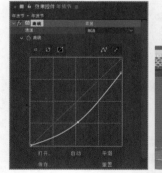

图 8.17

4　在时间轴面板中，将时间调整到 0:00:03:00 帧的位置，调整曲线，系统将自动添加关键帧，如图 8.18 所示。

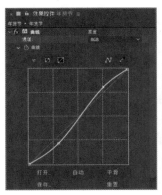

图 8.18

> **技巧** 将【左侧门】及【右侧门】图层暂时隐藏是为了更好地观察调整文字亮度后的效果，完成曲线调整之后可恢复文字图层显示。

5 在时间轴面板中，选中【优惠券】图层，在【效果和预设】面板中展开【透视】特效组，然后双击【投影】特效。

6 在【效果控件】面板中，将【投影颜色】更改为红色（R:142，G:5，B:0），将【方向】的值更改为（0x+180.0°），将【距离】的值更改为 3.0，将【柔和度】的值更改为 5.0，如图 8.19 所示。

图 8.19

7 在时间轴面板中，将时间调整到 0:00:03:00 帧的位置，选中【优惠券】图层，在【效

果和预设】面板中展开【过渡】特效组，然后双击【线性擦除】特效。

8 在【效果控件】面板中，将【过渡完成】更改为 100%，单击【过渡完成】左侧码表，在当前位置添加关键帧，将【擦除角度】的值更改为（0x+0.0°），如图 8.20 所示。

图 8.20

9 在时间轴面板中，将时间调整到 0:00:03:20 帧的位置，将【过渡完成】的值更改为 0%，系统将自动添加关键帧，如图 8.21 所示。

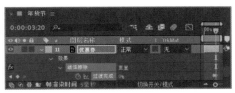

图 8.21

10 在时间轴面板中，将时间调整到 0:00:03:00 帧的位置，选中【优惠券】图层，在【效果控件】面板中，同时选中【投影】及【线性擦除】效果，按 Ctrl+C 组合键复制效果，再同时选中【优惠券 2】及【优惠券 3】图层，在【效果控件】面板中，按 Ctrl+V 组合键粘贴效果，如图 8.22 所示。

图 8.22

图 8.22（续）

11 这样就完成了最终整体效果制作，按小键盘上的 0 键即可在合成窗口中预览动画。

8.2 全民狂欢动效制作

 实例解析

本例主要讲解全民狂欢动效制作，主要用到缩放、位置等动画关键帧，最终效果如图 8.23 所示。

图 8.23

 知识点

位置
不透明度
缩放
发光
梯度渐变

视频讲解

图 8.26

图 8.27

操作步骤

8.2.1 制作气球动画

1️⃣ 打开工程文件"工程文件\第8章\全民狂欢.aep"。

2️⃣ 在时间轴面板中，选中【气球】图层，在视图中将其移至左下角图像之外区域，如图8.24所示。

图 8.24

3️⃣ 在时间轴面板中，选中【气球】图层，将时间调整到0:00:00:00帧的位置，打开【位置】属性，单击【位置】左侧码表🔲，在当前位置添加关键帧，如图8.25所示。

图 8.25

4️⃣ 将时间调整到0:00:01:00帧的位置，在视图中将气球图像向上拖动，系统将自动添加关键帧，制作出位置动画，如图8.26所示。

5️⃣ 以同样方法，分别在0:00:02:00帧的位置、0:00:03:00帧的位置制作位置动画，如图8.27所示。

 技巧 在制作位置动画时需要注意，应当是沿曲线路径拖动气球图像，这样比较符合气球向上飘浮的视觉效果。

6️⃣ 在时间轴面板中，选中【气球2】图层，在视图中将其移至右下角图像之外区域，效果如图8.28所示。

7️⃣ 在时间轴面板中，选中【气球2】图层，将时间调整到0:00:00:20帧的位置，打开【位置】属性，单击【位置】左侧码表🔲，在当前位置添加关键帧，如图8.29所示。

图 8.28

图 8.29

8 以上述同样方法为【气球 2】图层制作位置动画，如图 8.30 所示。

图 8.30

9 在时间轴面板中，选中【热气球】图层，在视图中将其向底部方向拖动至图像之外区域，效果如图 8.31 所示。

10 在时间轴面板中，选中【热气球】图层，将时间调整到 0:00:01:00 帧的位置，打开【位置】属性，单击【位置】左侧码表，在当前位置添加

关键帧，如图 8.32 所示。

图 8.31

图 8.32

11 打开【缩放】属性，单击【缩放】左侧码表，在当前位置添加关键帧，将【缩放】的值更改为（80.0，80.0%）。

12 将时间调整到 0:00:04:00 帧的位置，将热气球图像向顶部方向拖动，系统将自动添加关键帧，制作出位置动画，再将【缩放】的值更改为（100.0，100.0%），如图 8.33 所示。

图 8.33

13 以同样方法为【热气球 2】制作类似的缩放及位置动画，如图 8.34 所示。

图 8.34

8.2.2　添加圆形及文字动画

1 在时间轴面板中，选中【圆形】图层，将时间调整到 0:00:01:00 帧的位置，打开【缩放】属性，单击【缩放】左侧码表，在当前位置添加关键帧，将【缩放】的值更改为（0.0, 0.0%）。

2 将时间调整到 0:00:02:00 帧的位置，将【缩放】的值更改为（120.0, 120.0%）；将时间调整到 0:00:02:10 帧的位置，将【缩放】的值更改为（100.0, 100.0%），系统将自动添加关键帧，制作缩放动画效果，如图 8.35 所示。

图 8.35

3 在时间轴面板中，选中【圆形】图层，在【效果和预设】面板中展开【透视】特效组，然后双击【投影】特效。

4 在【效果控件】面板中，将【方向】的

值更改为（0x+180.0°），将【距离】的值更改为 5.0，将【柔和度】的值更改为 10.0，如图 8.36 所示。

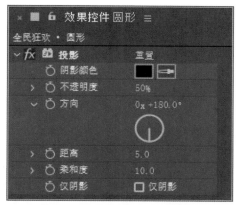

图 8.36

5 在时间轴面板中，将时间调整到 0:00:03:00 帧的位置，选中【文字】图层，在【效果和预设】面板中展开【风格化】特效组，然后双击【发光】特效。

6 在【效果控件】面板中，将【发光强度】的值更改为 0.0，单击【发光强度】左侧码表，在当前位置添加关键帧，将【发光操作】更改为【正常】，如图 8.37 所示。

7 在时间轴面板中，将时间调整到 0:00:04:00 帧的位置，将【发光强度】的值更改为 3.0，系统将自动添加关键帧，如图 8.38 所示。

8 在时间轴面板中，选中【文字】图层，将时间调整到 0:00:02:10 帧的位置，打开【缩放】属性，单击【缩放】左侧码表，在当前位置添加关键帧，并将【缩放】的值更改为（0.0, 0.0%）。打开【不透明度】属性，单击【不透明度】左侧码

表 ⏱，在当前位置添加关键帧，并将【不透明度】的值更改为 0%。

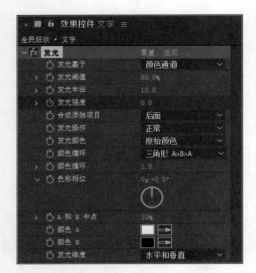

图 8.37

图 8.38

9 将时间调整到 0:00:03:00 帧的位置，将【缩放】的值更改为（100.0，100.0%），将【不透明度】的值更改为 100%，系统将自动添加关键帧，制作缩放动画效果，如图 8.39 所示。

10 在时间轴面板中，选中【礼物】图层，将时间调整到 0:00:03:00 帧的位置，打开【缩放】属性，单击【缩放】左侧码表 ⏱，在当前位置添加

关键帧，并将【缩放】的值更改为（0.0，0.0%）。

图 8.39

11 将时间调整到 0:00:03:10 帧的位置，将【缩放】的值更改为（120.0，120.0%）；将时间调整到 0:00:03:20 帧的位置，将【缩放】的值更改为（100.0，100.0%），系统将自动添加关键帧，制作缩放动画效果，如图 8.40 所示。

图 8.40

8.2.3 制作发光圆球

1 选中工具箱中的【椭圆工具】 ⬭，按住 Shift+Ctrl 组合键在文字图像中"H"的左上角位置绘制 1 个正圆，设置【填充】为任意颜色，【描边】为无，将生成 1 个【形状图层 1】图层，效果如图 8.41 所示。

图 8.41

2 在时间轴面板中，选中【形状图层 1】图层，在【效果和预设】面板中展开【生成】特效

组，然后双击【梯度渐变】特效。

3 在【效果控件】面板中，设置【渐变起点】的值为（292.9，267.5），【起始颜色】的值为蓝色（R:179，G:227，B:255），【渐变终点】的值为（297.8，274.9），【结束颜色】为深蓝色（R:17，G:172，B:250），【渐变形状】为【径向渐变】，如图8.42所示。

图 8.42

4 在时间轴面板中，选中【形状图层 1】图层，在【效果和预设】面板中展开【风格化】特效组，然后双击【发光】特效。

5 在【效果控件】面板中，将【发光阈值】的值更改为50.0%，将【发光半径】的值更改为5.0，将【发光强度】的值更改为5.0，将【发光操作】更改为【正常】，如图8.43所示。

图 8.43

6 在时间轴面板中，选中【形状图层 1】图层，按 Ctrl+D 组合键复制出6个新图层，分别选中复制生成的图层，将它们移至当前字母的不同位置。

7 分别选中复制生成的图层，在【效果控件】面板中，更改【渐变起点】及【渐变终点】数值，结果如图8.44所示。

图 8.44

技巧 在【效果控件】面板中，单击 ✛ 按钮，在图像中的任意位置单击即可更改【渐变起点】或【渐变终点】的位置。

8.2.4 打造圆球动画

1 在时间轴面板中，同时选中所有和形状图层相关的图层，单击右键，在弹出的菜单中选择【预合成】，在弹出的对话框中将【新合成名称】更改为"发光圆球"，完成之后单击【确定】按钮，如图8.45所示。

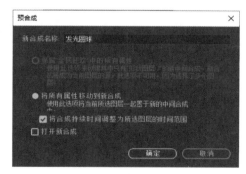

图 8.45

2 在时间轴面板中，选中【发光圆球】图层，将时间调整到 0:00:03:00 帧的位置，打开【不透明度】属性，单击其左侧码表，在当前位置添加关键帧，并将其数值更改为 0%；将时间调整到 0:00:03:10 帧的位置，将【不透明度】的值更改为 100%；将时间调整到 0:00:03:20 帧的位置，将【不透明度】的值更改为 0%；将时间调整到 0:00:04:05 帧的位置，将【不透明度】的值更改为 100%；将时间调整到 0:00:04:15 帧的位置，将【不透明度】的值更改为 0%。将时间调整到 0:00:04:24 帧的位置，将【不透明度】的值更改为 100%，如图 8.46 所示。

图 8.46

3 选中工具箱中的【横排文字工具】，在图像中输入文字（方正正粗黑简体），如图 8.47 所示。

4 选中工具箱中的【矩形工具】，选中【文字】图层，绘制 1 个矩形蒙版路径，如图 8.48 所示。

图 8.47   图 8.48

5 在时间轴面板中，按 F 键打开蒙版羽化，将【蒙版羽化】的值更改为（50.0，50.0），如图 8.49 所示。

6 在时间轴面板中，选中【文字】图层，将时间调整到 0:00:03:00 帧的位置，将其展开，单击【蒙版】|【蒙版 1】|【蒙版路径】左侧码表，在

当前位置添加关键帧，如图 8.50 所示。

图 8.49

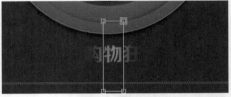

图 8.50

7 将时间调整到 0:00:04:00 帧的位置，同时选中蒙版左下角及左上角锚点并向左侧拖动，同时选中蒙版右上角及右下角锚点并向右侧拖动，系统将自动添加关键帧，制作出动画效果，如图 8.51 所示。

图 8.51

⑧ 在时间轴面板中，选中【文字】图层，将时间调整到0:00:03:00帧的位置，打开【不透明度】属性，单击其左侧码表 ，在当前位置添加关键帧，并将其数值更改为0%；将时间调整到0:00:03:10帧的位置，将【不透明度】的值更改为100%，如图8.52所示。

图 8.52

⑨ 这样就完成了最终整体效果制作，按小键盘上的0键即可在合成窗口中预览动画。

8.3 促销献礼动效制作

 实例解析

本例主要讲解促销献礼动效制作，在制作过程中主要用到【CC Page Turn（CC翻页）】、缩放、位置等动画关键帧，最终效果如图8.53所示。

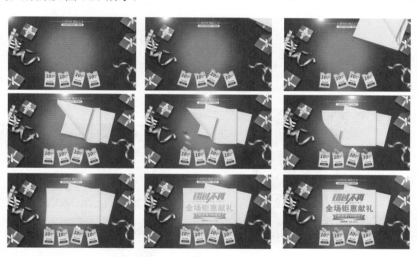

图 8.53

 知识点

CC Page Turn（CC 翻页）

位置

不透明度

缩放

镜头光晕

色相 / 饱和度

视频讲解

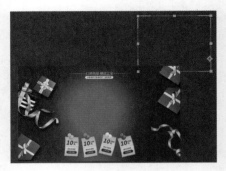

图 8.56

8.3.1　制作信纸位置动画

1　打开工程文件"工程文件\第8章\促销广告.aep"。

2　在时间轴面板中，同时选中【文案】及【信纸】图层，将它们暂时隐藏，如图8.54所示。

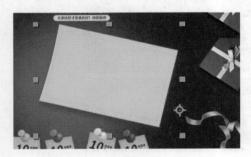

图 8.54

3　在时间轴面板中，选中【信纸2】图层，选中工具箱中的【向后平移（锚点）工具】，将信纸中心点移至右下角位置，效果如图8.55所示。

图 8.57

7　在时间轴面板中，将时间调整到0:00:02:00帧的位置，将图像向左下角方向拖动，再将【旋转】的值更改为（0x+0.0°），系统将自动添加关键帧，如图8.58所示。

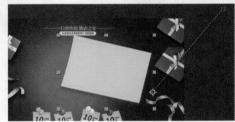

图 8.58

图 8.55

4　选中【信纸】图层，在视图中将其向右上角移动，如图8.56所示。

5　在时间轴面板中，选中【信纸2】图层，将时间调整到0:00:00:10帧的位置，打开【位置】属性，单击【位置】左侧码表，在当前位置添加关键帧。

6　打开【旋转】属性，将【旋转】的值更改为（0x+15.0°），如图8.57所示。

8　在时间轴面板中，选中【信纸】图层，以0:00:00:20帧的位置为起点，制作与【信纸2】图层中图像类似的位置及旋转动画效果，结果如图8.59所示。

图 8.59

8.3.2 打造翻页动画

1 在时间轴面板中，选中【信纸】图层，将时间调整到 0:00:02:00 帧的位置，在【效果和预设】面板中展开【扭曲】特效组，然后双击【CC Page Turn（CC 翻页）】特效。

2 在【效果控件】面板中，将【Controls（控制）】更改为【Bottom Left Corner（底部左侧角落）】，将【Fold Position（折叠位置）】的值更改为（471.0，-74.0），单击【Fold Position（折叠位置）】左侧码表 ，为其添加关键帧，将【Back Opacity（背部不透明度）】的值更改为 100.0，如图 8.60 所示。

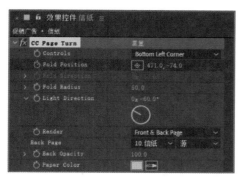

图 8.60

图 8.60（续）

3 将时间调整到 0:00:03:00 帧的位置，将【Fold Position（折叠位置）】的值更改为（29.0，244.0），系统将自动添加关键帧，如图 8.61 所示。

图 8.61

4 在时间轴面板中，选中【文案】图层，将其进行显示，将时间调整到 0:00:03:00 帧的位置，打开【不透明度】属性，单击其左侧码表 ，在当前位置添加关键帧，并将其数值更改为 0%；将时间调整到 0:00:03:05 帧的位置，将【不透明度】的值更改为 100%，系统将自动添加关键帧，如图 8.62 所示。

图 8.62

5 在时间轴面板中，选中【优惠券】图层，选中工具箱中的【向后平移（锚点）工具】，在视图中将图像中心点移至优惠券顶部边缘中间位置，如图 8.63 所示。

图 8.63

6 在时间轴面板中，选中【优惠券】图层，将时间调整到 0:00:00:00 帧的位置，打开【旋转】属性，单击【旋转】左侧码表，在当前位置添加关键帧，如图 8.64 所示。

图 8.64

7 将时间调整到 0:00:00:10 帧的位置，将【旋转】的值更改为（0 x-15.0°）；将时间调整到 0:00:00:20 帧的位置，将【旋转】的值更改为（0 x+15.0°）；将时间调整到 0:00:01:05 帧的位置，将【旋转】的值更改为（0 x-10.0°）；将时间调整到 0:00:01:15 帧的位置，将【旋转】的值更改为（0 x+10.0°）；将时间调整到 0:00:02:00 帧的位置，将【旋转】的值更改为（0 x-5.0°）；将时间调整到 0:00:02:10 帧的位置，将【旋转】的值更改为（0 x+5.0°）；将时间调整到 0:00:02:20 帧的位置，将【旋转】的值更改为（0x+0.0°），系统将自动添加关键帧，制作旋转动画效果，如图 8.65 所示。

8 以同样方法分别为【优惠券2】【优惠券3】及【优惠券4】图层中的图像制作类似的旋转动画，如图 8.66 所示。

图 8.65

图 8.66

8.3.3 制作图钉动画

1 在时间轴面板中，选中【图钉4】图层，在视图中将其移至靠左侧边缘位置，如图 8.67 所示。

图 8.67

2 在时间轴面板中，选中【图钉 4】图层，将时间调整到 0:00:02:00 帧的位置，打开【位置】属性，单击【位置】左侧码表◎，打开【缩放】属性，单击【缩放】左侧码表◎，并将【缩放】数值更改为（60.0，60.0%），在当前位置添加关键帧，如图 8.68 所示。

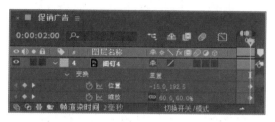

图 8.68

3 在时间轴面板中，将时间调整到 0:00:02:10 帧的位置，将图像向右下角方向拖动，并将【缩放】数值更改为（100.0，100.0%），系统将自动添加关键帧，单击【运动模糊】图标◎，为当前图层中的对象开启运动模糊效果，如图 8.69 所示。

图 8.69

4 以同样方法分别为【图钉 3】【图钉 2】及【图钉】图层制作位置及缩放动画，如图 8.70 所示。

图 8.70

8.3.4 添加光晕动画

1 执行菜单栏中的【图层】|【新建】|【纯色】命令，在弹出的对话框中将【名称】更改为"高光"，将【颜色】更改为黑色，完成之后单击【确定】按钮，如图 8.71 所示。

图 8.71

2 在时间轴面板中，选中【高光】图层，在【效果和预设】面板中展开【生成】特效组，然后双击【镜头光晕】特效。

3 在【效果控件】面板中，将时间调整到 0:00:00:00 帧的位置，将【光晕中心】的值更改为（0.0，0.0），单击【光晕中心】左侧码表◎，在当前位置添加关键帧，将【光晕亮度】的值更改为 80%，将【镜头类型】更改为【105 毫米定焦】，如图 8.72 所示。

图 8.72

4 将时间调整到 0:00:04:24 帧的位置，在【效果控件】面板中，将【光晕中心】的值更改为（890.0，0.0），系统将自动添加关键帧，结果如图 8.73 所示。

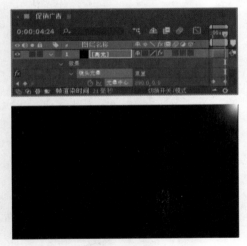

图 8.73

5 在时间轴面板中，选中【高光】图层，在【效果和预设】面板中展开【模糊和锐化】特效组，然后双击【高斯模糊】特效。

6 在【效果控件】面板中，将【模糊度】的值更改为 5.0，选中【重复边缘像素】复选框，如图 8.74 所示。

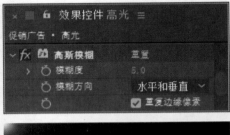

图 8.74

7 在时间轴面板中，选中【高光】图层，在【效果和预设】面板中展开【颜色校正】特效组，然后双击【色相 / 饱和度】特效。

8 在【效果控件】面板中，选中【彩色化】复选框，将【着色色相】的值更改为（0x+20.0°），如图 8.75 所示。

图 8.75

9 在时间轴面板中，选中【高光】图层，将其图层【模式】更改为【屏幕】，如图 8.76 所示。

图 8.76

图 8.76（续）

10 这样就完成了最终整体效果制作，按小键盘上的 0 键即可在合成窗口中预览动画。

8.4 儿童节广告动效制作

 实例解析

本例主要讲解儿童节广告动画制作，在制作的过程中以表现欢乐的儿童节气氛为主，同时为背景添加白云特效，并为整个图像元素制作位置及缩放动画，最终效果如图 8.77 所示。

图 8.77

 知识点

缩放
色相 / 饱和度
位置
线性擦除
镜头光晕

视频讲解

![操作步骤图标] 操作步骤

8.4.1 处理白云动画

1️⃣ 打开工程文件"工程文件\第8章\儿童节广告 .aep"。

2️⃣ 在时间轴面板中，选中【白云】图层，在【效果和预设】面板中展开【杂色和颗粒】特效组，然后双击【分形杂色】特效。

3️⃣ 在【效果控件】面板中，将【对比度】的值更改为 220.0，将【亮度】的值更改为 -20.0，如图 8.78 所示。

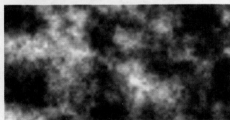

图 8.78

4️⃣ 展开【子设置】选项组，将【子影响】的值更改为 60.0，将【子缩放】的值更改为 40.0，在时间轴面板中，将时间调整到 0:00:00:00 帧的位置，单击【子位移】左侧码表 ⏱，在当前位置添加关键帧，如图 8.79 所示。

5️⃣ 在时间轴面板中，将时间调整到 0:00:04:24 帧的位置，将【子位移】的值更改为（-100.0, 0.0），

系统将自动添加关键帧，如图 8.80 所示。

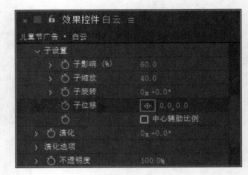

图 8.79

图 8.80

6️⃣ 按住 Alt 键并单击【演化】左侧码表 ⏱，在时间轴面板中输入（time*100），如图 8.81 所示。

图 8.81

8.4.2 调整白云色调

1️⃣ 在时间轴面板中，选中【白云】图层，在【效果和预设】面板中展开【颜色校正】特效组，然后双击【色调】特效。

2️⃣ 在【效果控件】面板中，将【将白色映射到】更改为蓝色（R:156, G:231, B:255），如图 8.82 所示。

图 8.82

3 在时间轴面板中，选中【白云】图层，将其图层【模式】更改为【屏幕】，再将其向下移至【背景】图层上方，如图 8.83 所示。

图 8.83

4 选中工具箱中的【钢笔工具】，选中【白云】图层，在图像中天空区域绘制 1 个不规则蒙版路径，如图 8.84 所示。

图 8.84

5 按 F 键打开蒙版羽化，将【蒙版羽化】的值更改为（50.0，50.0），如图 8.85 所示。

图 8.85

8.4.3 制作糖果旋转动画

1 在时间轴面板中，选中【糖果】图层，打开【旋转】属性，按住 Alt 键并单击【旋转】左侧码表，输入（time*-50），如图 8.86 所示。

图 8.86

2 在时间轴面板中，选中【糖果】图层中的【旋转】属性，按 Ctrl+C 组合键将其复制，再选中【糖果 2】图层，打开【旋转】属性，按 Ctrl+V 组合键进行粘贴，并将表达式内容更改为 time*50，如图 8.87 所示。

3 选中【糖果】图层中的【旋转】属性，按 Ctrl+C 组合键将其复制，再选中【糖果 3】图层，打开【旋转】属性，按 Ctrl+V 组合键进行粘贴。

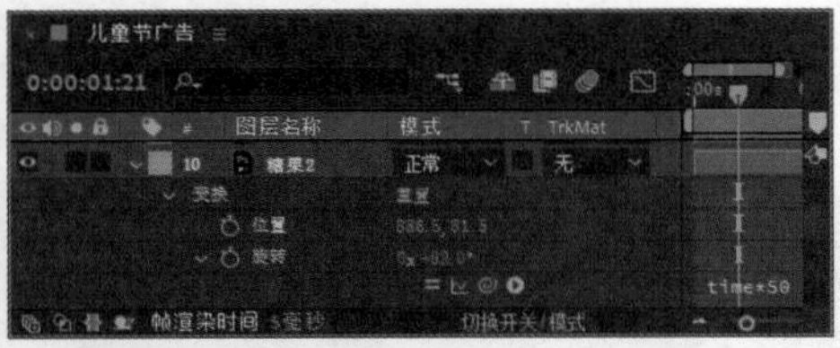

图 8.87

4 选中【糖果 2】图层中的【旋转】属性，按 Ctrl+C 组合键将其复制，再选中【糖果 4】图层，打开【旋转】属性，按 Ctrl+V 组合键进行粘贴，如图 8.88 所示。

图 8.88

5 在时间轴面板中，选中【彩球】图层，将时间调整到 0:00:00:00 帧的位置，打开【缩放】属性，单击【缩放】左侧码表，在当前位置添加关键帧，并将【缩放】的值更改为（0.0，0.0%）。

6 将时间调整到 0:00:01:00 帧的位置，将【缩放】的值更改为（100.0，100.0%），系统将自动添加关键帧，制作缩放动画效果，如图 8.89 所示。

图 8.89

7 在时间轴面板中，选中【彩球】图层，打开【旋转】属性，按住 Alt 键并单击【旋转】左

侧码表，输入 time*100，如图 8.90 所示。

图 8.90

8 将时间调整到 0:00:00:00 帧的位置，在时间轴面板中，选中【彩球】图层中的【旋转】及【缩放】属性，按 Ctrl+C 组合键将其复制，再选中【彩球 2】图层，打开【旋转】及【缩放】属性，按 Ctrl+V 组合键进行粘贴，并将表达式内容更改为（time*-100），如图 8.91 所示。

图 8.91

9 在时间轴面板中，选中【彩球】图层，在【效果和预设】面板中展开【模糊和锐化】特效组，然后双击【高斯模糊】特效。

10 在【效果控件】面板中，将【模糊度】的值更改为 20.0，将时间调整到 0:00:00:00 帧的位置，单击【模糊度】左侧码表，在当前位置添加关键帧，如图 8.92 所示。

图 8.92

11 将时间调整到 0:00:01:00 帧的位置，将【模糊度】的值更改为 0.0，系统将自动添加关键帧，

如图 8.93 所示。

图 8.93

12 在时间轴面板中，将时间调整到 0:00:00:00 帧的位置，选中【彩球】图层，在【效果控件】面板中，选中【高斯模糊】效果控件，按 Ctrl+C 组合键将其复制，再选中【彩球 2】图层，在【效果控件】面板中，按 Ctrl+V 组合键进行粘贴，如图 8.94 所示。

图 8.94

8.4.4 处理装饰元素动画

1 在时间轴面板中，选中【雪糕桶】图层，在视图中将其向右上角方向拖动至画布之外区域，如图 8.95 所示。

图 8.95

2 在时间轴面板中，选中【雪糕桶】图层，将时间调整到 0:00:00:00 帧的位置，打开【位置】属性，单击【位置】左侧码表，打开【缩放】属性，并将【缩放】的值更改为（60.0，60.0%），单击【缩放】左侧码表，在当前位置添加关键帧，如图 8.96 所示。

图 8.96

3 将时间调整到 0:00:02:00 帧的位置，在视图中将雪糕桶图像向左下角方向拖动，系统将自动添加关键帧，将【缩放】的值更改为（100.0，100.0%），制作位置动画，如图 8.97 所示。

图 8.97

4 在时间轴面板中，选中【雪糕桶】图层，将时间调整到 0:00:00:00 帧的位置，在【效果和预设】面板中展开【颜色校正】特效组，然后双击【色相 / 饱和度】特效。

5 在【效果控件】面板中，单击【通道范围】左侧码表，在当前位置添加关键帧，如图 8.98

所示。

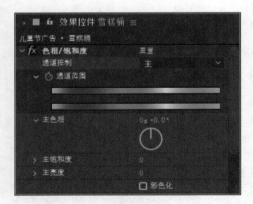

图 8.98

6 在时间轴面板中，将时间调整到 0:00:04:24 帧的位置，将【主色相】的值更改为（3x+0.0°），系统将自动添加关键帧，如图 8.99 所示。

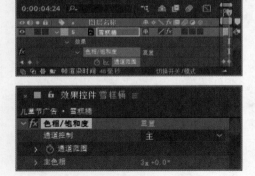

图 8.99

8.4.5 处理文案动画

1 在时间轴面板中，选中【文案】图层，将时间调整到 0:00:00:00 帧的位置，打开【缩放】属性，单击【缩放】左侧码表，在当前位置添加关键帧，并将【缩放】的值更改为（0.0，0.0%）。

2 将时间调整到 0:00:01:00 帧的位置，将【缩放】的值更改为（120.0，120.0%）；将时间调整到 0:00:01:05 帧的位置，将【缩放】的值更改

为（100.0，100.0%），系统将自动添加关键帧，制作缩放动画效果，如图 8.100 所示。

图 8.100

3 在时间轴面板中，选中【图形】图层，选中工具箱中的【向后平移（锚点）工具】，在视图中将图像中心点移至左侧端点位置，如图 8.101 所示。

图 8.101

4 在时间轴面板中，选中【图形】图层，将时间调整到 0:00:01:00 帧的位置，打开【缩放】属性，单击【缩放】左侧码表，在当前位置添加关键帧，并将【缩放】的值更改为（0.0，0.0%）。

5 将时间调整到 0:00:01:15 帧的位置，将【缩放】的值更改为（120.0，120.0%）；将时间调整到 0:00:01:20 帧的位置，将【缩放】的值更改为（100.0，100.0%），系统将自动添加关键帧，制作缩放动画效果，如图 8.102 所示。

图 8.102

6 以同样方法选中【图形 2】图层，更改

图像中心点，并以 0:00:01:05 帧的位置为起点，为【图形 2】制作类似的缩放动画效果，结果如图 8.103 所示。

图 8.103

7 以同样方法选中【滑板车】图层，使用【向后平移（锚点）工具】 更改图像中心点，并为【滑板车】制作类似的缩放动画，如图 8.104 所示。

图 8.104

8.4.6 制作文字信息动画

1 在时间轴面板中，选中【圆角矩形】图层，将时间调整到 0:00:02:00 帧的位置，打开【缩放】属性，单击【缩放】左侧码表 ，在当前位置添加关键帧，并将【缩放】的值更改为（0.0，0.0%）。

2 将时间调整到 0:00:02:10 帧的位置，将【缩放】的值更改为（100.0，100.0%），系统将自动添加关键帧，制作缩放动画效果，如图 8.105 所示。

图 8.105

3 在时间轴面板中，将时间调整到 0:00:02:10 帧的位置，选中【满 499 减 100】文字图层，在【效果和预设】面板中展开【过渡】特效组，然后双击【线性擦除】特效。

4 在【效果控件】面板中，将【过渡完成】的值更改为 100%，单击【过渡完成】左侧码表 ，在当前位置添加关键帧，将【擦除角度】的值更改为（0x+325.0°），将【羽化】的值更改为 2.0，如图 8.106 所示。

图 8.106

5 在时间轴面板中，将时间调整到 0:00:03:10 帧的位置，将【过渡完成】的值更改为 0%，系统将自动添加关键帧，如图 8.107 所示。

图 8.107

8.4.7 为画面添加太阳动画

1 执行菜单栏中的【图层】|【新建】|【纯

色】命令，在弹出的对话框中将【名称】更改为"太阳"，将【颜色】更改为黑色，完成之后单击【确定】按钮，如图 8.108 所示。

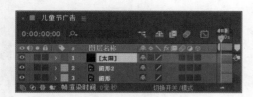

图 8.108

2 在时间轴面板中，选中【太阳】图层，在【效果和预设】面板中展开【生成】特效组，然后双击【镜头光晕】特效。

3 在【效果控件】面板中，将时间调整到 0:00:00:00 帧的位置，将【光晕中心】的值更改为 （0.0，-10.0），单击【光晕中心】左侧码表，在当前位置添加关键帧，将【光晕亮度】的值更改为 120%，将【镜头类型】更改为【105 毫米定焦】，如图 8.109 所示。

图 8.109

4 将时间调整到 0:00:04:24 帧的位置，在【效果控件】面板中，将【光晕中心】的值更改为 （900.0，-10.0），系统将自动添加关键帧，如图 8.110 所示。

图 8.110

5 在时间轴面板中，选中【太阳】图层，在【效果和预设】面板中展开【颜色校正】特效组，然后双击【色相 / 饱和度】特效。

6 在【效果控件】面板中，将【主色相】的值更改为（0x+120.0°），将【主饱和度】的值更改为 30，如图 8.111 所示。

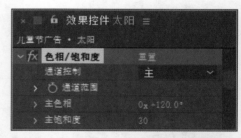

图 8.111

7 在时间轴面板中，选中【太阳】图层，将其图层【模式】更改为【屏幕】，如图 8.112 所示。

8 这样就完成了最终整体效果制作，按小
键盘上的 0 键即可在合成窗口中预览动画。

图 8.112

图 8.112（续）

8.5 会员节商品宣传动效制作

 实例解析

本例主要讲解会员节商品宣传动效制作，在制作过程中以红色与黄色作为主色调，通过绘制多样化的
装饰图形并为图形制作动画完成整个动效制作，最终效果如图 8.113 所示。

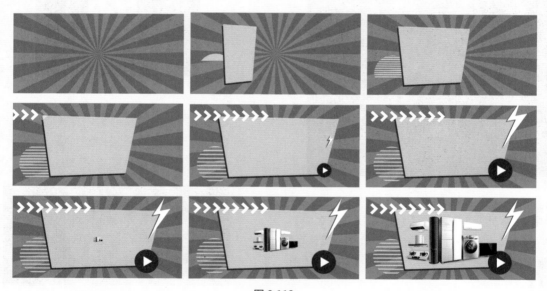

图 8.113

 知识点

缩放
位置
中继器
轨道遮罩
极坐标

视频讲解

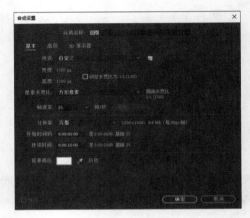

图 8.115

图 8.116

操作步骤

8.5.1 打造动感条纹背景

① 打开工程文件"工程文件 \ 第 8 章 \ 会员节 .aep"。

② 执行菜单栏中的【合成】|【新建】|【纯色】命令，在弹出的对话框中将【名称】更改为"背景"，将【颜色】更改为红色（R:255，G:5，B:82），完成之后单击【确定】按钮，如图 8.114 所示。

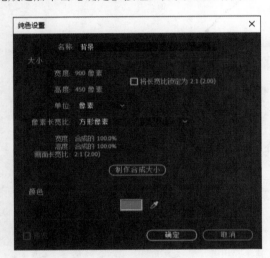

图 8.114

③ 执行菜单栏中的【合成】|【新建合成】命令，打开【合成设置】对话框，设置【合成名称】为"圆圈"，【宽度】为1500，【高度】为1500，【帧速率】为25，并设置【持续时间】为0:00:10:00，【背景颜色】为白色，完成之后单击【确定】按钮，如图 8.115 所示。

④ 选中工具箱中的【矩形工具】 ，在画布左侧位置绘制 1 个细长矩形，设置矩形【填充】为黑色，【描边】为无，如图 8.116 所示。

⑤ 在时间轴面板中，选中【形状图层 1】图层，将其展开，单击 添加: ● 按钮，在弹出的菜单中选择【中继器】。

⑥ 展开【中继器 1】，将【副本】的值更改为 100.0，展开【变换：中继器 1】，将【位置】的值更改为（76.0，0.0），如图 8.117 所示。

图 8.117

7 在时间轴面板中，选中【形状图层1】图层，在【效果和预设】面板中展开【扭曲】特效组，然后双击【极坐标】特效。

8 在【效果控件】面板中，设置【转换类型】为【矩形到极线】，【插值】的值为100.0%，如图8.118所示。

图8.118

8.5.2 制作旋转图形

1 在【项目】面板中，选中【圆圈】合成，将其拖至【会员节】时间轴面板中，打开【不透明度】属性，将【不透明度】的值更改为10%，如图8.119所示。

2 在时间轴面板中，选中【圆圈】图层，将时间调整到0:00:00:00帧的位置，打开【旋转】属性，单击【旋转】左侧码表，在当前位置添加关键帧。

3 将时间调整到0:00:09:24帧的位置，将【旋转】的值更改为（0x+180.0°），系统将自动添加关键帧，如图8.120所示。

图8.119

图8.120

4 选中工具箱中的【钢笔工具】，在图像中绘制1个不规则图形，设置图形【填充】为黄色（R:255，G:222，B:0），【描边】为无，将生成1个【形状图层1】图层，如图8.121所示。

图8.121

5 在时间轴面板中，选中【形状图层1】图层，在【效果和预设】面板中展开【透视】特效组，然后双击【投影】特效。

6 在【效果控件】面板中，将【阴影颜色】更改为蓝色（R:87，G:27，B:176），如图8.122所示。

图 8.122

图 8.124（续）

图 8.125

8.5.3 添加布告板动画

1 选中工具箱中的【向后平移（锚点）工具】，将【形状图层 1】图层中的图形中心点移至图形左侧边缘中间位置，如图 8.123 所示。

图 8.123

2 在时间轴面板中，选中【形状图层 1】图层，将时间调整到 00:00:00:00 帧的位置，打开【缩放】属性，单击【缩放】左侧码表，在当前位置添加关键帧，单击【约束比例】图标，取消约束比例，并将【缩放】的值更改为（0.0，100.0%），如图 8.124 所示。

3 将时间调整到 0:00:02:00 帧的位置，将【缩放】的值更改为（100.0，100.0%），系统将自动添加关键帧，制作缩放动画效果，如图 8.125 所示。

图 8.124

4 选中工具箱中的【椭圆工具】，按 Shift+Ctrl 组合键在黄色图形右下角位置绘制 1 个正圆，设置【填充】为蓝色（R:87，G:27，B:176），【描边】为无，将生成 1 个【形状图层 2】图层，效果如图 8.126 所示。

5 选中工具箱中的【钢笔工具】，在图像中绘制 1 个三角形，设置图形【填充】为白色，【描边】为无，将生成 1 个【形状图层 3】图层，效果如图 8.127 所示。

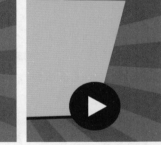

图 8.126 　　　　　　 图 8.127

6 在时间轴面板中，同时选中【形状图层 2】及【形状图层 3】图层，将时间调整到 0:00:02:00 帧的位置，打开【缩放】属性，单击【缩放】左侧码表，在当前位置添加关键帧，并将【缩放】的值更改为（0.0，0.0%）。

7 将时间调整到 0:00:02:10 帧的位置，将【缩放】更改为（120.0，120.0%）；将时间调整到 00:00:02:20 帧的位置，将【缩放】的值更改为（100.0，100.0%），系统将自动添加关键帧，制作缩放动画效果，如图 8.128 所示。

图 8.128

8.5.4 添加圆形格栅动画

1 执行菜单栏中的【合成】|【新建合成】命令，打开【合成设置】对话框，设置【合成名称】为"圆形格栅"，【宽度】为 300，【高度】为 300，【帧速率】为 25，并设置【持续时间】为 0:00:10:00，【背景颜色】为白色，完成之后单击【确定】按钮，如图 8.129 所示。

2 选中工具箱中的【椭圆工具】■，按 Shift+Ctrl 组合键绘制 1 个正圆，设置【填充】为黄色（R:255，G:222，B:0），【描边】为无，将生成 1 个【形状图层 1】图层，如图 8.130 所示。

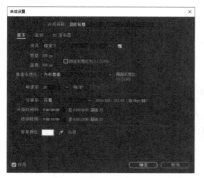

图 8.129

图 8.130

3 选中工具箱中的【矩形工具】■，在正圆上方绘制 1 个细长矩形，设置矩形【填充】为黑色，【描边】为无，将生成 1 个【形状图层 2】图层，如图 8.131 所示。

图 8.131

4 在时间轴面板中，选中【形状图层 2】图层，将其展开，单击 添加: ● 按钮，在弹出的菜单中选择【中继器】。

5 将时间调整到 0:00:00:00 帧的位置，展开【中继器 1】，将【副本】的值更改为 14.0，展开【中继器 1】|【变换：中继器 1】选项，将【位置】的值更改为（0.0，0.0），单击【位置】左侧码表●，在当前位置添加关键帧，如图 8.132 所示。

图 8.132

6 将时间调整到 0:00:02:00 帧的位置，将【位置】的值更改为（0.0，20.0），系统将自动添加关键帧，如图 8.133 所示。

7 在时间轴面板中，选中【形状图层 1】图层，将其图层【轨道遮罩】更改为【1. 形状图层 2】，将部分图形隐藏，如图 8.134 所示。

图 8.133

图 8.134

8 在【项目】面板中，选中【圆形格栅】合成，将其添加至当前时间轴面板中，并将其放在【形状图层 1】图层下方，如图 8.135 所示。

图 8.135

图 8.135（续）

8.5.5 处理进度动画

1 选中工具箱中的【钢笔工具】，在图像左上角绘制 1 个箭头图形，设置图形【填充】为无，【描边】为白色，【描边宽度】为 15，将生成 1 个【形状图层 4】图层，效果如图 8.136 所示。

图 8.136

2 在时间轴面板中，选中【形状图层 4】图层，将其展开，单击添加：按钮，在弹出的菜单中选择【中继器】。

3 将时间调整到 0:00:01:00 帧的位置，展开【中继器 1】，将【副本】的值更改为 0.0，展开【中继器 1】|【变换：中继器 1】选项，将【位置】的值更改为（50.0,0.0），单击【副本】左侧码表，在当前位置添加关键帧，如图 8.137 所示。

图 8.137

图 8.137（续）

4 将时间调整到 0:00:02:00 帧的位置，将【副本】的值更改为 8.0，系统将自动添加关键帧，如图 8.138 所示。

图 8.138

5 在时间轴面板中，选中【形状图层 4】图层，将时间调整到 0:00:01:00 帧的位置，打开【位置】属性，单击【位置】左侧码表 ，在当前位置添加关键帧，如图 8.139 所示。

图 8.139

6 将时间调整到 0:00:02:00 帧的位置，将图形向右侧拖动，系统将自动添加关键帧，制作出位置动画，如图 8.140 所示。

图 8.140

8.5.6　制作闪电动画

1 选中工具箱中的【钢笔工具】 ，在图像中绘制 1 个不规则图形，设置图形【填充】为白色，【描边】为无，将生成 1 个【形状图层 5】图层，效果如图 8.141 所示。

图 8.141

2 在时间轴面板中，选中【形状图层 5】图层，在【效果和预设】面板中展开【透视】特效组，然后双击【投影】特效。

3 在【效果控件】面板中，将【投影颜色】更改为蓝色（R:87，G:27，B:176），将【不透明度】的值更改为 100%，将【方向】的值更改为（0x+240.0°），将【距离】的值更改为 8.0，如图 8.142 所示。

4 在时间轴面板中，选中【形状图层 5】图层，选中工具箱中的【向后平移（锚点）工具】 ，将图形控制锚点移至图形底部位置，如图 8.143 所示。

251

图 8.142

图 8.143

⑤ 在时间轴面板中，选中【形状图层 5】图层，将时间调整到 0:00:02:00 帧的位置，打开【缩放】属性，单击【缩放】左侧码表 ，在当前位置添加关键帧，并将【缩放】的值更改为（0.0，0.0%），如图 8.144 所示。

图 8.144

⑥ 将时间调整到 0:00:02:20 帧的位置，将【缩放】的值更改为（120.0，120.0%）；将时间调整到 0:00:03:00 帧的位置，将【缩放】的值更改

为（100.0，100.0%），系统将自动添加关键帧，如图 8.145 所示。

图 8.145

8.5.7 处理素材图像

① 在【项目】面板中，选中"家电 .png"素材图像并将其添加至时间轴面板中，在图像中将其适当缩小，如图 8.146 所示。

图 8.146

② 在时间轴面板中，选中【家电 .png】图层，将时间调整到 0:00:03:00 帧的位置，打开【缩放】属性，单击【缩放】左侧码表 ，在当前位置添加关键帧，并将【缩放】的值更改为（0.0，0.0%）。

③ 将时间调整到 0:00:03:20 帧的位置，将【缩放】的值更改为（60.0，60.0%），系统将自动添加关键帧，如图 8.147 所示。

图 8.147

④ 这样就完成了最终整体效果制作，按小键盘上的 0 键即可在合成窗口中预览动画。